高职高专特色实训教材

环境监测仿真实训教程

贾 威 主编

U0286865

化学工业出版社

·北京·

本书的编写主要是为了适应高职以任务驱动、项目导向的"教、学、做"一体化的教学改革趋势，在当今污水处理典型工艺理论基础上突出事故案例教学来学习处理方法，按照情景任务、任务说明、任务解析、完成效果、设计过程、相关知识、操作技巧、拓展任务等项目化课程体例格式编写，是一部联系实际事故案例学习工艺运行的实训教材，设计过程环节都是工艺运行期间最易发生的事故，特殊情况下还会关照读者需要注意的地方，做到了图文并茂、直观易读。

本书在教学内容安排上以污水处理软件为基础，结合污水处理典型工艺运行实际，合理安排案例和知识点；在写作手法上为体现教学情景的真实性，教学情境任务是以污水处理厂典型工艺运行为背景，任务涵盖了氧化沟工艺、气浮工艺、SBR 工艺、A$_2$O 工艺、UASB 工艺、反渗透工艺、AB 工艺七种典型工艺内容。针对初级、中级、高级污水处理工应知应会知识进行实际案例教学。

本书主要用于高职高专环境类涉及污水处理专业，也可作为初级、中级、高级污水处理工技能培训教材，还可作为污水处理相关专业人员的参考书。

图书在版编目（CIP）数据

环境监测仿真实训教程/贾威主编 . —北京：化学
工业出版社，2016.5
高职高专特色实训教材
ISBN 978-7-122-26509-8

Ⅰ.①环…　Ⅱ.①贾…　Ⅲ.①污水处理-计算机仿真-
高等职业教育-教材　Ⅳ.①X703-39

中国版本图书馆 CIP 数据核字（2016）第 049751 号

责任编辑：旷英姿　窦　臻　　　　　　　文字编辑：林　媛
责任校对：边　涛　　　　　　　　　　　装帧设计：刘丽华

出版发行：化学工业出版社（北京市东城区青年湖南街 13 号　邮政编码 100011）
印　　装：北京科印技术咨询服务公司海淀数码印刷分部
787mm×1092mm　1/16　印张 7¾　字数 184 千字　2016 年 6 月北京第 1 版第 1 次印刷

购书咨询：010-64518888（传真：010-64519686）　售后服务：010-64518899
网　　址：http://www.cip.com.cn
凡购买本书，如有缺损质量问题，本社销售中心负责调换。

定　　价：25.00 元

前言

　　环境监测仿真实训教程是在污水处理的典型工艺基础上，针对污水处理重点难点设计。弥补了实习学生无法充分掌握仿真实训中专业知识的不足，通过对污水处理工厂从工艺原理到操作系统的仿真模拟完整描述，使学生对水处理单元工艺原理、操作环境、控制系统、故障处理有了更深的理解，为学校的实习环节搭建了平台。

　　本书在编写过程中着重突出高等职业教育特色，着力体现实用性和实践性，重视对学生关键技能的训练，并注重对学生信息处理能力、分析问题和解决问题能力的培养，为今后工作中取得更大的发展做准备。同时在教材的编写过程中，注重体现"以学生为主体""做中教、做中学"的方针。

　　本教材共分七个情境，内容包括氧化沟工艺、气浮工艺、SBR 工艺、A_2O 工艺、UASB 工艺、反渗透工艺、AB 工艺七种典型工艺。由初级污水处理工到高级污水处理工应知应会知识点由浅入深逐级增加难度，极大增加了学习者对重点知识的掌握。在内容上强调面向职业、任务驱动、项目导向；在风格上突显了以二维码为技术手段的特点，通过手机等现代通信手段实现了从平面到立体，从书本到多媒体的转变，激发读者学习热情。

　　本教材由辽宁石化职业技术学院贾威主编，牛永鑫主审。具体编写分工如下：情境一至情境五由贾威编写，情境六由辽宁石化职业技术学院郭学本编写，情境七由辽宁石化职业技术学院温泉编写。本书在编辑过程中得到了辽宁石化职业技术学院穆德恒，北控水务集团锦州分公司王书科、王剑哲、李珂欣，锦州石化公司环境监测站王静、秦晋，锦州石化公司给排水车间段泓竹，锦州石化公司技术中心赵宝华等人的大力帮助。本教材的二维码技术由辽宁石化职业技术学院穆德恒提供，媒体脚本由辽宁石化职业技术学院王英健设计，温泉导演，郭学本摄影。

　　鉴于编者水平有限，时间仓促，在课程内容及结构安排等方面仍有诸多疏漏和不足之处，在此真诚希望专家及读者批评指正。

编　者
2015 年 12 月

目 录

氧化沟工艺运行监测

情境分析<<<———

　　氧化沟工艺是活性污泥法的一种变型,其曝气池呈封闭的沟渠型,所以它在水力流态上不同于传统的活性污泥法,它是一种首尾相连的循环流曝气沟渠,污水渗入其中得到净化,通过氧化沟曝气池处理,不但能够除掉 COD 和 BOD,还具有脱氮除磷效果,污水直接与回流污泥一起进入氧化沟系统。曝气机向混合液提供足够的溶解氧(DO)。在这种充分掺氧的条件下,含有微生物的活性污泥得到足够的溶解氧来去除 BOD;同时,氨也被氧化成硝酸盐和亚硝酸盐,此时,混合液处于有氧状态。在曝气机下游,微生物在氧化过程消耗了水中溶解氧,直到 DO 值降为零,混合液呈缺氧状态,即"好氧-厌氧-好氧-厌氧"交替交换。经过缺氧区的反硝化作用,混合液进入有氧区,完成一次循环。该系统中,硝化作用和反硝化作用发生在同一池中,达到同时去除 BOD 和氮磷的效果。

子情境一　氧化沟工艺运行

任务描述<<<———

任务目标	知识目标 (1)理解氧化沟工艺的原理 (2)理解氧化沟工艺的构筑物的类型、构造及工作过程等 能力目标 能够进行氧化沟工艺的开车、停车操作 素质目标 具备一定的自学、计算机应用、沟通合作的能力				
技能任务	开车	基本操作	停车	基本操作	
		维护巡视		安全事项	
探索任务	氧化沟工艺存在问题				

情境导入<<<———

　　某处理厂原污水和出水水质

水质指标	COD_{Cr}	BOD_5	悬浮物	氨氮(以 N 计)	总磷(P)	pH
浓度/(mg/L)	350	140	200	30	6~9	6.2~6.7

要求处理厂出水水质达到国家二级排放标准（GB 18918—2002）

水质指标	COD$_{Cr}$	BOD$_5$	悬浮物	氨氮(以 N 计)	总磷(P)	pH
浓度/(mg/L)	100	30	30	25(30)	3	6~9

参数设定

氧化沟运行参数

氧化沟中活性污泥浓度（MLSS）：4000mg/L

污泥有机负荷：0.12kg BOD$_5$/(kgMLSS·d)

污泥容积指数（SVI）：180~200

污泥龄：0~10d

二沉池剩余污泥浓度：12370mg/L

曝气转刷（共4个）：浸深为240mm，转速为80r/min 时，充氧能力为5.6kg O$_2$/(h·m)，功率6.4kW/个，工作电压380V±5V，工作电流16A±0.5A。

BOD 去除率85%，COD 去除率75%，氨氮去除率85%，污水处理量为3000m³/d。

主要设备一览表（设备作用、正常值范围）

序号	位号	名称	说明
1	S101	回转式粗格栅	去除污水大颗粒杂质
2	S102	回转式细格栅	去除污水较小颗粒杂质
3	S103	Carrousel 氧化沟	去除有机物,净化水质
4	S104	初沉池	去除固体悬浮物
5	S105	二沉池	分离活性污泥和处理水
6	S106	沉砂池	去除较小的沙粒
7	S107	污泥浓缩池	对回流井沉积的污泥进行浓缩
8	S108	污泥回流井	将来自二沉池的污泥回流至氧化沟,循环利用
9	S109	污泥脱水机房	对污泥进行脱水处理
10	S110	事故池	对来水起分流的作用

主要显示仪表一览表（仪表测量位置，例如测量何地的 pH，正常值单位、范围）

序号	位号	名称	说明
1	FI101	污水来源流量计	正常值 3000m³/d,事故值 4000m³/d
2	FI102	沉砂池出水流量计(初沉池进水流量计)	正常值 3000m³/d
3	FI103	初沉池出水流量计(氧化沟进水流量计)	正常值 2000m³/d,最大值 4000m³/d
4	FI104	氧化沟出水流量计(二沉池进水流量计)	正常值 2000m³/d
5	FI105	二沉池出水流量计	正常值 1200m³/d,随二沉池液面升高而增加
6	FI105	二沉池排泥流量计	间歇操作,最大 3000m³/d
7	FI106	污泥回流井排泥流量计	间歇操作,最大 3000m³/d
8	FI107	污泥回流井回流流量计	间歇操作,最大 3000m³/d
9	LI101	粗格栅液位	单位为 m,设计最大为 10m,实际最大 7m
10	LI102A	初沉池液位	单位为 m,设计最大为 4m,实际最大 4m
11	LI102B	初沉池泥面位	单位为 m,设计最大为 4m,实际最大 4m
12	LI103A	二沉池液位	单位为 m,设计最大为 4m,实际最大 4m
13	LI103B	二沉池泥面位	单位为 m,设计最大为 4m,实际最大 4m
14	AI1101	污水源 BOD 值	正常值:140mg/L,暂无相关事故值
15	AI1102	初沉池出口 BOD 值	正常值:50mg/L,暂无相关事故值
16	AI1103	氧化沟出口 BOD 值	正常值:15mg/L,暂无相关事故值
17	AI1104	二沉池出水 BOD 值	正常值:15mg/L,暂无相关事故值
18	AI1201	污水源 COD 值	正常值:350mg/L,事故值 680mg/L
19	A1202	初沉池出口 COD 值	正常值:245mg/L,暂无相关事故值

续表

序号	位号	名 称	说 明
20	AI1203	氧化沟出口 COD 值	正常值：49～70mg/L，事故值＞75mg/L
21	AI1204	二沉池出口 COD 值	正常值：49～70mg/L，事故值＞75mg/L
22	AI1301	污水源固体悬浮物值	正常值：200mg/L，事故值 300mg/L
23	AI1302	初沉池固体悬浮物值	正常值：120mg/L，事故值 180mg/L
24	AI1303	氧化沟固体悬浮物值	正常值：120mg/L，事故值 180mg/L
25	AI1304	二沉池出水固体悬浮物值	正常值：30mg/L，事故值≥40mg/L
26	AI1401	污水源 NH_3-N 值	正常值：30mg/L，暂无事故值
27	AI1402	初沉池 NH_3-N 值	正常值：30mg/L，暂无事故值
28	AI1403	氧化沟出水 NH_3-N 值	正常值：3～6mg/L，暂无事故值
29	AI1404	氧化沟出水 NH_3-N 值	正常值：3～6mg/L，暂无事故值
30	AI1501	污水源 pH 值	7
31	II101	氧化沟曝气刷 1 的电流	高挡值 16.8A，低挡值 19.3A
32	II102	氧化沟曝气刷 2 的电流	高挡值 16.8A，低挡值 19.3A
33	II103	氧化沟曝气刷 3 的电流	高挡值 16.8A，低挡值 19.3A
34	II104	氧化沟曝气刷 4 的电流	高挡值 16.8A，低挡值 19.3A

主要泵类设备一览表

序号	位号	名 称	说 明
1	P101A/B	泵房提升泵两个	为经粗格栅过滤的污水提供压力，使之进入沉砂池
2	P102A/B	污泥回流井回流泵	为循环的污泥提供动力，使之回到氧化沟
3	P103A/B	污泥回流井污泥泵	为去浓缩池的污泥提供动力，使之到污泥浓缩池
4	P104A/B	污泥浓缩池污泥泵	为去脱水机房的污泥提供动力，使之到脱水机房
5	P105	吸式排砂机	沉砂池刮渣用
6	P106	初沉池周边转动刮泥机	初沉池刮泥机，清除初沉池累计的污泥
7	P107	氧化沟水下推进器	为氧化沟内物质充分混合提供动力
8	P108	二沉池刮泥机	二沉池刮泥机，清除二沉池累计的污泥
9	P109	浓缩池刮泥机	浓缩池刮泥机，清除浓缩池累计的污泥
10	P110A/B/C/D	曝气转刷	氧化沟的四个曝气转刷
11	P111	凝絮剂加药系统计量泵	脱水机房加药系统的计量泵

知识链接<<<——

待处理的污水首先进入粗格栅，粗格栅将污水中大块污物拦截下来，防止堵塞后续单元的机泵和工艺管道。经粗格栅处理的污水进入提升泵房，提升泵将进水提升至后续处理单元所要求的高度，使其实现重力自流，提升泵房出来的流水可进入细格栅，也可分流至事故池。

事故池能起到分流的作用，如果来水超过系统所要求的负荷，可以打开进事故池进水阀门，将一部分来水分流至事故池，以减缓来水负荷太大而造成的对生化系统的冲击。

流水由提升泵流经细格栅进入平流沉砂池，在平流沉砂池中，在重力的作用下，部分大颗粒的悬浮颗粒（SS）从污水中沉淀分离出来，沉砂池出水由重力自流进入初沉池。

氧化沟工艺总貌如图 1-1 所示。

来自沉砂池的污水进入初沉池，在初沉池中通过物理沉降，去除 40％的 SS、25％的 BOD_5 和 30％的 COD_{Cr}。初沉池出水进入氧化沟进行生物处理。

经初沉池处理的污水由重力自流进入氧化沟，去除 80％～90％的 BOD_5、70％～80％的 COD、80％～90％的 NH_3-N。

经氧化沟处理的污水由重力自流进入二沉池，在二沉池中实现泥水分离，上清液经二沉

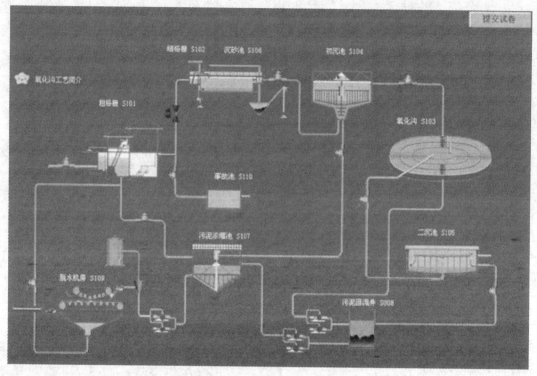

图 1-1 氧化沟工艺总貌图

池出口闸阀排放，剩余污泥排到污泥回流井。

来自二沉池的污泥在回流井中部分经提升泵回流至氧化沟，部分经提升泵排放到浓缩池进行浓缩处理。来自回流井和初沉池的污泥在浓缩池中进行浓缩，剩余水经重力自流至粗格栅入口，污泥由提升泵送至脱水机房。来自浓缩池的污泥在脱水机房中进行脱水、稳定处理和最终处置，滤饼排放，剩余水经重力自流至粗格栅入口。

开车操作（二维码 m1-1）◀◀◀——

（1）粗格栅和提升泵房岗位

① 打开粗格栅入口现场阀；

② 启动粗格栅；

③ 启动潜水泵；

④ 开潜水泵后止回阀。

（2）细格栅和平流沉砂池岗位（见图 1-2）

① 打开平流沉砂池刮渣机电源，启动刮渣机；

② 开平流沉砂池出口闸阀。

（3）初沉池岗位（见图 1-3）

① 打开初沉池刮泥机电源，启动刮泥机；

② 开初沉池出口排水闸阀；

③ 当初沉池中污泥积累到一定高度时，打开初沉池出口排泥闸阀，排泥入浓缩池。

（4）氧化沟岗位（见图 1-4）

① 打开曝气刷电源，启动曝气刷；

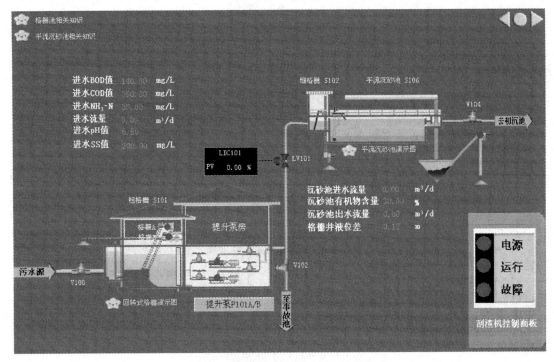

图 1-2　细格栅和平流沉砂池工艺图

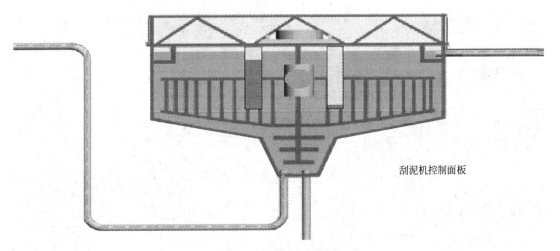

图 1-3　初沉池工艺图

② 曝气方式投自动挡或手动挡（可选择高速挡和低速挡）；

③ 启动氧化沟水下推进器；

④ 开氧化沟出口闸阀。

（5）二沉池与回流井岗位（见图 1-5）

① 启动二沉池刮泥机；

② 当二沉池泥面液位积累到一定高度时，开二沉池出口排泥阀门；

③ 开启氧化沟提升泵前阀；

④ 启动去氧化沟提升泵；

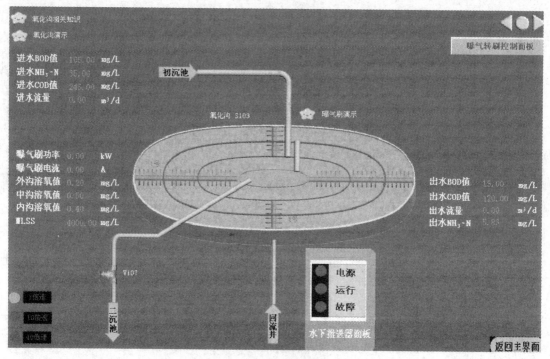

图 1-4　氧化沟工艺图

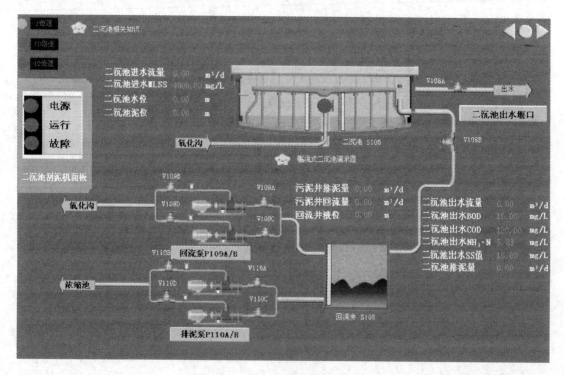

图 1-5　二沉池与污泥回流井工艺图

⑤ 开启氧化沟提升泵后截止阀；

⑥ 开启浓缩池提升泵前阀；

⑦ 启动去浓缩池提升泵；

⑧ 开启浓缩池提升泵后截止阀。

（6）浓缩池（见图1-6）

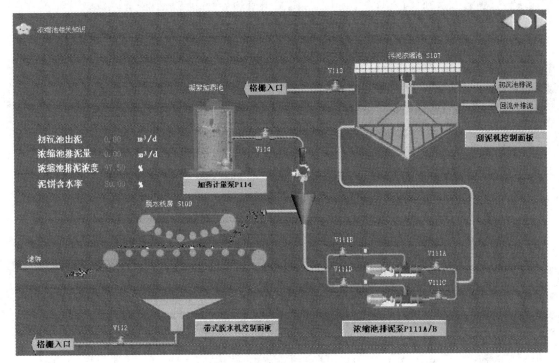

图1-6 浓缩池与脱水机房工艺图

① 启动浓缩池刮泥机；

② 开浓缩池后提升泵前阀；

③ 启动浓缩池后提升泵；

④ 开浓缩池后提升泵后截止阀，输送污泥入脱水机房；

⑤ 开浓缩池后闸阀，排水入粗格栅。

（7）脱水机房（见图1-6）

① 启动脱水机房加药计量泵；

② 启动脱水机房离心脱水机；

③ 开脱水机房后闸阀，排水入粗格栅。

停车步骤<<<———

（1）关闭格栅入口阀门 V301；

（2）关闭浓缩池上清液排水阀门 V313；

（3）关闭脱水机排水阀门 V312；

（4）关闭格栅 A；

（5）将泵房出口液位控制器 LIC301 设置手动状态；

（6）将泵房出口液位控制器 LIC301 开度开大，保证泵房中的水继续流出；

（7）关闭提升 A 泵后阀 V301B；

（8）关闭提升泵 A 电源或者运行开关；

（9）关闭提升 A 泵前阀 V301A；

（10）沉砂池出水流量<1000m³/d 时，关闭沉砂池出口阀 V303；

（11）沉砂池出水流量<1000m³/d 时，关闭平流沉砂池刮泥机电源或者其运行开关；

（12）观察调节池液位，低于 2m 时，关闭出口阀 V304；

（13）观察初沉池液位，低于 2m 时，关闭出口阀 V305；

（14）关闭初沉池刮泥机电源或者运行开关；

（15）初沉池后集水配水井液位低于 2m 时，观察 SBR 池 1 的自动运行状态，在运行到待机或者排队状态后，单击停止按钮，结束 SBR 池的运行状态；

（16）关闭 SBR 池 1 的对应滗水器；

（17）初沉池后集水配水井液位低于 2m 时，观察 SBR 池 2 的自动运行状态，在运行到待机或者排队状态后，单击停止按钮，结束 SBR 池的运行状态；

（18）关闭 SBR 池 2 的对应滗水器；

（19）初沉池后集水配水井液位低于 2m 时，观察 SBR 池 3 的自动运行状态，在运行到待机或者排队状态后，单击停止按钮，结束 SBR 池的运行状态；

（20）关闭 SBR 池 3 的对应滗水器；

（21）关闭 SBR 池排泥泵后阀 V310B；

（22）关闭 SBR 池排泥泵 P310A 的电源或者运行开关；

（23）关闭 SBR 池排泥泵前阀 V310A；

（24）浓缩池液位低于 1.1m 后，关闭浓缩池排泥泵后阀 V311B；

（25）浓缩池液位低于 1.1m 后，关闭 SBR 池排泥泵 P311A 的电源或者运行开关；

（26）浓缩池液位低于 1.1m 后，关闭浓缩池排泥泵前阀 V311A。

子情境二 曝气转刷故障

任务描述 <<<—

任务目标	知识目标 (1)理解曝气转刷故障的原因 (2)理解曝气转刷的构筑物的类型、构造及工作过程等 能力目标 能够进行曝气转刷故障处理操作 素质目标 具备一定的自学、计算机应用、沟通合作的能力			
技能任务	发现 故障	基本操作	解决 故障	基本操作
		维护巡视		安全事项
探索任务	曝气转刷其他故障处理			

情境导入 <<<—

某处理厂正常运行期间发生故障

（1）转刷控制面板黄灯（故障灯）亮

转刷 1 的面板上，电源灯和自动挡亮，同时故障灯亮。

（2）电流下降

电流值从正常的 64A，下降到 48A。故障转刷电流为 0。

（3）好氧区（内沟）DO 值下降

内沟 DO 值下降到 1mg/L。

知识链接 <<←—

曝气转刷：单击控制面板（见图 1-7），观察面板上的指示灯情况，红色、黄色、绿色三种颜色的灯。

工作电压 380V±5V，工作电流 16A±0.5A，功率 6.4kW。

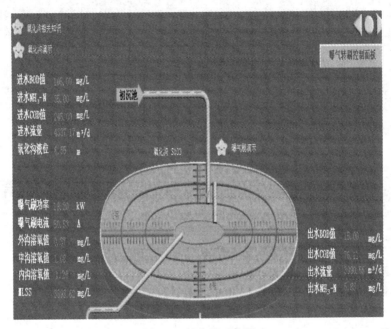

图 1-7 氧化沟工艺图

处理方法（二维码 m1-2） <<←—

（1）关闭故障转刷；

（2）选择需要速度的启动按钮（高速挡、低速挡），选择高速挡增大曝气，使氧化沟充氧正常。

子情境三 二沉池排泥故障

任务描述 <<←—

任务目标	知识目标 (1)理解二沉池排泥故障的原因 (2)理解二沉池的构筑物的类型、构造及工作过程等 能力目标 能够进行二沉池排泥故障处理操作 素质目标 具备一定的自学、计算机应用、沟通合作的能力			
技能任务	发现 故障	基本操作	解决 故障	基本操作
		维护巡视		安全事项
探索任务	二沉池排泥其他故障处理			

情境导入 ‹‹←

某处理厂正常运行期间发生故障

(1) 二沉池泥面上升;

(2) 出水的 SS 值超标为 40mg/L;

(3) 出水泛黄。

知识链接 ‹‹←

经氧化沟处理的污水由重力自流进入二沉池,在二沉池中实现泥水分离,上清液经二沉池出口闸阀排放,剩余污泥排到污泥回流井。二沉池刮泥机情况:单击控制面板,观察面板上的指示灯情况,红色、黄色、绿色三种颜色的灯。

水处理操作时间过长,导致二沉池中污泥积累过多,需要进行排泥操作。

处理方法(二维码 m1-3)‹‹←

(1) 开大二沉池排泥阀门开度;

(2) 观察出水情况,正常后结束操作。

子情境四　初沉池出水悬浮物浓度升高

任务描述 ‹‹←

任务目标	知识目标			
	(1)理解初沉池进水悬浮物浓度(SS)升高的原因			
	(2)理解初沉池的构筑物的类型、构造及工作过程等			
	能力目标			
	能够进行初沉池进水 SS 升高故障处理操作			
	素质目标			
	具备一定的自学、计算机应用、沟通合作的能力			
技能任务	发现故障	基本操作	解决故障	基本操作
		维护巡视		安全事项
探索任务	初沉池其他故障处理			

情境导入 ‹‹←

某处理厂正常运行期间发生故障

(1) 初沉池进水 SS 升高至 300mg/L;

(2) 初沉池出水 SS 为 150mg/L。

知识链接 ‹‹←

来自沉砂池的污水进入初沉池,在初沉池中通过物理沉降,去除 40% 的 SS、25% 的 BOD_5 和 30% 的 COD_{Cr}。初沉池出水进入氧化沟进行生物处理。

处理方法(二维码 m1-4)‹‹←

(1) 关小初沉池进水阀门开度;

(2) 关小初沉池出水阀门开度,延长初沉池停留时间;

(3) 调节初沉池出水 SS,达到正常值 100mg/L 以下。

子情境五　调节氧化沟外沟溶解氧浓度

任务描述 <<<←

任务目标	知识目标 (1)理解氧化沟外沟溶解氧浓度(DO)故障的原因 (2)理解氧化沟外沟的构筑物的类型、构造及工作过程等 能力目标 能够进行氧化沟外沟 DO 调节操作 素质目标 具备一定的自学、计算机应用、沟通合作的能力			
技能任务	发现 故障	基本操作	解决 故障	基本操作
		维护巡视		安全事项
探索任务	氧化沟外沟其他故障处理			

情境导入 <<<←

某处理厂正常运行期间发生故障

氧化沟外沟 DO 增高，超过 0.5mg/L 达到 1.0mg/L。

知识链接 <<<←

经初沉池处理的污水由重力自流进入氧化沟外沟，去除 80%～90% 的 BOD_5、70%～80% 的 COD、80%～90% 的 NH_3-N。

处理方法（二维码 m1-5）<<<←

(1) 设置两速曝气机，选择需要速度的启动按钮（高速挡、低速挡），这里选择低速挡。

(2) 观察曝气机 10min，无异常及溶氧正常后完成操作。

子情境六　调节氧化沟内沟溶解氧浓度

任务描述 <<<←

任务目标	知识目标 (1)理解氧化沟内沟 DO 故障的原因 (2)理解氧化沟内沟的构筑物的类型、构造及工作过程等 能力目标 能够进行氧化沟内沟 DO 调节操作 素质目标 具备一定的自学、计算机应用、沟通合作的能力			
技能任务	发现 故障	基本操作	解决 故障	基本操作
		维护巡视		安全事项
探索任务	氧化沟内沟其他故障处理			

情境导入 <<<—

某处理厂正常运行期间发生故障氧化沟内沟 DO 为 1mg/L（正常值为 1.5～2.5mg/L）

知识链接 <<<—

经初沉池处理的污水由重力自流进入氧化沟外沟，去除 80%～90% 的 BOD_5、70%～80% 的 COD、80%～90% 的 NH_3-N。

曝气机未全功率工作，有曝气机未启动，因此需要启动未启动的曝气机。

处理方法（二维码 m1-6）<<<—

(1) 设置两速曝气机，选择需要速度的启动按钮（高速挡、低速挡），这里选择高速挡；

(2) 观察曝气机 10min，无异常及溶氧正常后完成操作。

子情境七 进水负荷增大

任务描述 <<<—

任务目标	知识目标			
	(1)理解格栅及提升泵房的功效			
	(2)理解格栅及提升泵房的构筑物的类型、构造及工作过程等			
	能力目标			
	能够进行格栅及提升泵房调节操作			
	素质目标			
	具备一定的自学、计算机应用、沟通合作的能力			
技能任务	发现故障	基本操作	解决故障	基本操作
		维护巡视		安全事项
探索任务	格栅及提升泵房其他故障处理			

情境导入 <<<—

某处理厂正常运行期间进水流量增加到 $4000m^3/d$。

知识链接 <<<—

待处理的污水首先进入粗格栅，粗格栅将污水中大块污物拦截下来，防止堵塞后续单元的机泵和工艺管道。经粗格栅处理的污水进入提升泵房，提升泵将进水提升至后续处理单元所要求的高度，使其实现重力自流，提升泵房出来的流水可进入细格栅，也可分流至事故池。

进水流量发生变化，超过处理系统负荷，需要打开事故池分流。

处理方法（二维码 m1-7）<<<—

(1) 格栅及提升泵房中，打开进水管旁通阀，将水分流至事故池；

(2) 格栅及提升泵房中，确保两个格栅全开；

(3) 格栅及提升泵房中，启动备用提升泵；

(4) 氧化沟中，设置两速曝气机，选择需要速度的启动按钮（高速挡、低速挡），这里选择高速挡；

(5) 氧化沟中，观察曝气机 10min，无异常及溶氧正常后完成操作。

子情境八　出水化学需氧量增高

任务描述‹‹←—

任务目标	知识目标 (1)理解事故池及氧化沟的功效 (2)理解事故池及氧化沟的构筑物的类型、构造及工作过程等 能力目标 能够进行事故池及氧化沟调节操作 素质目标 具备一定的自学、计算机应用、沟通合作的能力			
技能任务	发现 故障	基本操作	解决 故障	基本操作
		维护巡视		安全事项
探索任务	事故池及氧化沟其他故障处理			

情境导入‹‹←—

某处理厂正常运行期间：

(1) 进水化学需氧量（COD）为 680mg/L，出水 COD 为 75mg/L 超标；

(2) 在线 DO 仪下降，出水水质超标。

知识链接‹‹←—

污水水质发生变化，来水 COD 增高。可将水分流至事故池，增加氧化沟曝气量，提高生物处理量，增大污泥回流量。

处理方法（二维码 m1-8)‹‹←—

(1) 格栅及提升泵房中，打开进水管旁通阀，将水分流至事故池；

(2) 氧化沟中，设置两速曝气机，选择需要速度的启动按钮（高速挡、低速挡），这里选择高速挡；

(3) 氧化沟中，开启备用污泥回流泵，增大污泥回流量；

(4) COD 值降低至达标低于 65mg/L。

子情境九　氧化沟泡沫问题

任务描述‹‹←—

任务目标	知识目标 (1)理解氧化沟的功效 (2)理解氧化沟的构筑物的类型、构造及工作过程等 能力目标 能够进行事故池及氧化沟调节操作 素质目标 具备一定的自学、计算机应用、沟通合作的能力			
技能任务	发现 故障	基本操作	解决 故障	基本操作
		维护巡视		安全事项
探索任务	氧化沟其他故障处理			

情境导入‹‹‹←

某处理厂正常运行期间：

（1）氧化沟表面形成细微的暗褐色泡沫；

（2）回流污泥量过大；

（3）污泥负荷低。

知识链接‹‹‹←

操作过程中，污泥回流阀门长期开度过大，氧化沟排泥阀门长期过低，造成氧化沟中污泥过多。氧化沟表面形成细微的暗褐色泡沫，回流污泥量过大，污泥负荷低，确认其他工艺指标正常。

处理方法（二维码 m1-9）‹‹‹←

（1）氧化沟中开大排泥阀门开度，增大排泥量；

（2）减少回流污泥阀门开度，减少回流污泥量；

（3）定时观察氧化沟，泡沫问题改善。

子情境十　初级工巡视

正常工况‹‹‹←

各项指标均符合标准，过程稳定。重在监控，基本不需要进行操作，巡视整个工艺后将结果填入巡视记录表中。

（1）选择巡视间隔时间：2h。

（2）巡视记录表

巡检时间间隔	格栅提升泵房		进水流量	沉砂池	初沉池			氧化沟		二沉池			污泥浓缩池	污泥脱水	
	格栅运行	液位/m	流量/(m³/d)	刮渣机	渣中有机物含量/%	刮泥机	出水堰口	出水情况	水下推进器	转刷曝气	刮泥机状况	出水堰口情况	出水情况	刮泥机情况	加药计量泵	离心机的脱水状况

巡视操作‹‹‹←

（1）巡视时间间隔 2h。

（2）粗格栅运行情况：单击控制面板，观察面板上的指示灯情况，红色、黄色、绿色三种颜色的灯。

（3）液位：单击液位控制面板，观察面板上的数据。例如，2.5～4.3m 之间的任意数据。

（4）进水流量：观察流量计读数。

（5）刮渣机：单击控制面板，观察面板上的指示灯情况，红色、黄色、绿色三种颜色的灯。

（6）渣中有机物含量：设置在 8%～10% 之间波动即可。

（7）初沉池刮泥机：单击控制面板，观察面板上的指示灯情况，红色、黄色、绿色三种颜色的灯。

（8）初沉池出水情况：观察出水是否均匀，选择：均匀、不均匀。

（9）初沉池出水堰口情况：观察是否有堵塞物，选择：无堵塞物、有堵塞物。

（10）氧化沟水下推进器：通过在曝气机上游设置水下推动器也可以对曝气转刷底部低速区的混合液循环流动起到积极推动作用，从而解决氧化沟底部流速低、污泥沉积的问题。设置水下推动器专门用于推动混合液可以使氧化沟的运行方式更加灵活，这对于节约能源、提高效率具有十分重要的意义。单击控制面板，观察面板上的指示灯情况，红色、黄色、绿色三种颜色的灯。

（11）曝气转刷：单击控制面板，观察面板上的指示灯情况，红色、黄色、绿色三种颜色的灯。

工作电压 380V±5V，工作电流 16A±0.5A，功率 6.4kW。

（12）二沉池刮泥机情况：单击控制面板，观察面板上的指示灯情况，红色、黄色、绿色三种颜色的灯。

（13）出水堰口情况：观察是否有堵塞，选择均匀或不均匀。

（14）出水情况：观察出水是否均匀，选择无堵塞物有堵塞物。

（15）污泥浓缩池刮泥机情况：单击控制面板，观察面板上的指示灯情况，红色、黄色、绿色三种颜色的灯。

（16）污泥脱水加药计量泵：单击控制面板，观察面板上的指示灯情况，红色、黄色、绿色三种颜色的灯。

（17）离心机脱水情况：单击控制面板，观察面板上的指示灯情况，红色、黄色、绿色三种颜色的灯。

子情境十一　中级工巡视

正常工况<<<—

各项指标均符合标准，过程稳定。重在监控，基本不需要进行操作，巡视整个工艺后将结果填入巡视记录表中。

（1）选择巡视间隔时间：2h。

（2）巡视记录表

巡检时间间隔	格栅及提升泵房			初沉池	氧化沟			二沉池				污泥回流井		污泥浓缩池		污泥脱水	
	格栅运行	液位/m	进水流量/(m³/d)	出水状况	DO/(mg/L)	水下推进器	转刷	污泥状况	SS/(mg/L)	COD/(mg/L)	NH₃-N/(mg/L)	回流污泥泵运行	回流污泥量/(m³/d)	排泥泵运行	排泥浓度/%	加药计量泵	泥饼含水率/%

巡视操作<<<—

（1）巡视时间间隔 2h。

（2）粗格栅运行情况：单击控制面板，观察面板上的指示灯情况，红色、黄色、绿色三种颜色的灯。

（3）液位：单击液位控制面板，观察面板上的数据，例如 2.5～4.3m 之间的任意数据。

（4）进水流量：观察流量计读数。

（5）初沉池出水状况：观察出水是否均匀，选择均匀或不均匀。

（6）氧化沟 DO<2mg/L。

（7）氧化沟水下推进器：通过在曝气机上游设置水下推动器也可以对曝气转刷底部低速区的混合液循环流动起到积极推动作用，从而解决氧化沟底部流速低、污泥沉积的问题。设置水下推动器专门用于推动混合液可以使氧化沟的运行方式更加灵活，这对于节约能源、提高效率具有十分重要的意义。单击控制面板，观察面板上的指示灯情况，红色、黄色、绿色三种颜色的灯。

（8）曝气转刷：单击控制面板，观察面板上的指示灯情况，红色、黄色、绿色三种颜色的灯。

工作电压 380V±5V，工作电流 16A±0.5A，功率 6.4kW。

（9）二沉池刮泥机情况：单击控制面板，观察面板上的指示灯情况，红色、黄色、绿色三种颜色的灯。

（10）污泥回流井回流污泥泵：单击控制面板，观察面板上的指示灯情况，红色、黄色、绿色三种颜色的灯。

（11）污泥回流井污泥回流量：观察污泥回流量数据。

（12）污泥浓缩池排泥泵：单击控制面板，观察面板上的指示灯情况，红色、黄色、绿色三种颜色的灯。

（13）污泥浓缩池排泥浓度：观察数据，回流污泥流量 1360m³/d。

（14）污泥脱水加药泵：单击控制面板，观察面板上的指示灯情况，红色、黄色、绿色三种颜色的灯。

（15）泥饼含水率：观察数据，真空过滤的脱水泥饼含水率为 60%～80%，压滤脱水为 65%～80%，滚压带式脱水为 78%～86%，离心脱水为 80%～85%。

气浮工艺运行监测

情境分析 <<——

气浮法是固液分离或液液分离的一种技术。它是通过某种方法产生大量的微气泡，使其与废水中密度近于水的固体或液体污染物微粒黏附，形成整体密度小于水的"气泡-颗粒"复合体，悬浮粒子随气泡一起浮升到水面，形成泡沫或浮渣，从而使水中悬浮物得以分离。实现气浮分离必须具备以下两个基本条件：①必须在水中产生足够数量的细微气泡；②必须使气泡能够与污染物相黏附，并形成不溶性的固态悬浮体。

气浮过程中，通过布气、溶气、电解的方式产生气泡，使气泡和颗粒物共存于水中。一旦气泡与颗粒物接触，由于界面张力作用就会产生表面吸附作用。疏水性颗粒易附着气泡，一起上浮。对于亲水性物质则需加入浮选剂、表面活性剂等以增加颗粒的疏水性，使之易于附着气泡，提高气浮效果。

本工艺的一级处理包括格栅及提升泵房、沉砂池、调节池、初沉池；二级处理采用气浮工艺。

子情境一 气浮工艺运行

任务描述 <<——

任务目标	知识目标 (1)理解气浮工艺的原理 (2)理解气浮工艺的构筑物的类型、构造及工作过程等 能力目标 能够进行气浮工艺的开车、停车操作 素质目标 具备一定的自学、计算机应用、沟通合作的能力				
技能任务	开车	基本操作	停车	基本操作
		维护巡视		安全事项
探索任务	气浮工艺存在问题				

情境导入 <<<—

某污水处理厂污水水质，污水处理量为 6000m³/d。

水质指标	COD$_{Cr}$	BOD$_5$	悬浮物(SS)	氨氮(以 N 计)	动植物油	pH
浓度/(mg/L)	300～500	100～150	500～1200	25	9	6.2～6.7

处理厂出水水质达到国家二级排放标准（GB 18918—2002）

水质指标	COD$_{Cr}$	BOD$_5$	悬浮物(SS)	氨氮(以 N 计)	动植物油	pH
浓度/(mg/L)	100	30	30	25(30)	5	6～9

气浮池运行参数设定

(1) 溶气水压力 $p=0.4$MPa；

(2) 气固比 $a=2\%$；

(3) 需溶气水量 QR＝22.7m³/h；

(4) 循环泵压力 0.16～0.2MPa；

(5) 回流量 25%～30%；

(6) 气浮池 COD 去除率 70%，BOD60%，SS 去除率 85%。

主要设备一览表（设备作用、正常值范围）

序号	位号	名 称	说 明
1	S301	回转式粗格栅	去除污水大颗粒杂质
2	S302	回转式细格栅	去除污水较小颗粒杂质
3	S303A/B/C	SBR 池	去除有机物，净化水质
4	S304	初沉池	去除固体悬浮物
5	S306	沉砂池	去除较小的砂粒
6	S307	污泥浓缩池	对回流井沉积的污泥进行浓缩
7	S309	污泥脱水机房	对污泥进行脱水处理
8	S310	事故池	对来水起分流的作用

主要显示仪表一览表（仪表测量位置，例如测量何地的 pH，正常值、单位、范围）

序号	位号	名 称	说 明
1	FI301	污水来源流量计	正常值 5000m³/d
2	FI302A	沉砂池入口流量计	正常值 5000m³/d
3	FI302B	事故池入口流量计	正常值 5000m³/d
4	FI303	沉砂池出口流量计(调节池进水流量计)	正常值 5000m³/d
5	FI304	调节池出水流量计	正常值 5000m³/d
6	FI305	初沉池出水流量计(氧化沟进水流量计)	正常值 5000m³/d
7	FI307A/B/C	SBR 池入水流量计	正常值 5000m³/d
8	FI308A/B/C	SBR 池出水流量计	正常值 5000m³/d
9	FI309A/B/C	SBR 池排泥流量计	间歇操作，最大 3000m³/d
10	FI310	浓缩池进泥流量	间歇操作，最大 10000m³/d
11	FI314	集水井入口流量计	间歇操作，最大 10000m³/d
12	FI315	集水井出口流量计	间歇操作，最大 10000m³/d
13	FI320	出水井出口流量计	间歇操作，最大 10000 m³/d
14	LI301A	粗格栅液位	单位为 m，设计最大为 10m，实际最大 7m
15	LI301C	粗格栅液位差	单位为 m
16	LI304A	调节池液位	单位为 m，设计最大为 4m，实际最大 4m
17	LI305A	初沉池液位	单位为 m，设计最大为 4m，实际最大 4m
18	LI305B	初沉池泥	单位为 m，设计最大为 4m，实际最大 4m

续表

序号	位号	名称	说明
19	LI307A/B/C	SBR池水面位	单位为m,设计最大为4m,实际最大4m
20	LI303/B/C	SBR池泥面位	单位为m,设计最大为4m,实际最大4m
21	LI310	浓缩池液位	单位为m,设计最大为4m,实际最大4m
22	LI315	集水井水位	单位为m,设计最大为4m,实际最大4m
23	LI316	消毒池水位	单位为m,设计最大为4m,实际最大4m
24	LI320	出水井水位	单位为m,设计最大为4m,实际最大4m
25	A3101	污水源BOD值	正常值:170mg/L,暂无相关事故值
26	A3501	初沉池出口BOD值	正常值:50mg/L,暂无相关事故值
27	A3706	SBR出口BOD值	正常值:15mg/L,暂无相关事故值
28	A3102	污水源COD值	正常值:300mg/L,事故值680mg/L
29	A3502	初沉池出口COD值	正常值:245mg/L,暂无相关事故值
30	A3702	SBR出口COD值	正常值:49~70mg/L,事故值>75mg/L
31	A3109	污水源固体悬浮物值	正常值:200mg/L,事故值300mg/L
32	A3509	初沉池固体悬浮物值	正常值:120mg/L,事故值180mg/L
33	A3709	SBR固体悬浮物值	正常值:120mg/L,事故值180mg/L
34	A3A09	出水井固体悬浮物值	正常值:30mg/L,事故值≥40mg/L
35	A3104	污水源NH_3-N值	正常值:30mg/L,暂无事故值
36	A3504	初沉池NH_3-N值	正常值:30mg/L,暂无事故值
37	A3A04	消毒池出水NH_3-N值	正常值:3~6mg/L,暂无事故值
38	A3105	污水源pH值	7
39	PI3501A	1号鼓风机电压	380V
40	PI3501B	2号鼓风机电压	380V
41	PI3501C	3号鼓风机电压	380V
42	II3501A	1号鼓风机电流	185A
43	II3501B	2号鼓风机电流	185A
44	II3501C	3号鼓风机电流	185A

主要泵类设备一览表

序号	位号	名称	说明
1	P301C/D	泵房提升泵两个	为经粗格栅过滤的污水提供压力,使之进入沉砂池
2	P311A/B	污泥浓缩池污泥泵	为去脱水机房的污泥提供动力,使之到脱水机房
3	P310A/B	SBR池污泥泵	为去浓缩池的污泥提供动力,使之到脱水机房
4	P303	吸式排砂机	沉砂池刮渣机
5	P305	初沉池周边转动刮泥机	初沉池刮泥机,清除初沉池累计的污泥
6	P313	浓缩池刮泥机	浓缩池刮泥机,清除浓缩池累计的污泥

知识链接<<<---

在废水处理中,气浮法广泛应用于:处理含有小悬浮物、藻类及微絮体等密度接近或低于水、很难利用沉淀法实现固液分离的各种废水;回收工业废水中的有用物质,如造纸厂废水中的纸浆纤维及填料等;代替二次沉淀,分离和浓缩剩余活性污泥,特别适用于那些易于产生污泥膨胀的生化处理工艺中;分离回收含油废水中的悬浮油和乳化油。

加压溶气气浮法是目前应用最广泛的一种气浮方法。空气在加压条件下溶于水中,再使压力降至常压,把溶解的过饱和空气以微气泡的形式释放出来。

回流加压溶气法适用于含悬浮物浓度高的废水的固液分离,该工艺流程如图2-1所示,待处理的全部废水直接送入气浮池中,经气浮池纯化处理后的清水经加压泵部分回流进入溶气罐,同时空气供给装置将空气输入溶气罐,在溶气罐空气和水充分接触,在加压的作用下

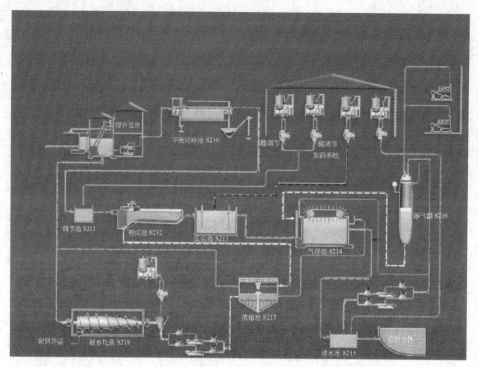

图 2-1　气浮工艺总貌图

空气充分溶于水中，形成溶气水，溶气水再经减压释放装置进入气浮池，在气浮池中，减压释放出的微气泡进行分离操作。

气浮法与其他方法相比，其优点是：①气浮时间短，一般只需 15min 左右；②对去除废水中纤维物质特别有效，有利于提高资源利用率；③工艺流程和设备简单，运行方便。

气浮法的关键技术：①加压溶气产生大量符合要求的微气泡，气泡直径为 $50\sim100\mu m$；②投加絮凝剂，改变悬浮物的亲水性，使细小的悬浮物结成大颗粒，并黏附大量的气泡。

待处理的污水首先进入粗格栅，粗格栅将污水中大块污物拦截下来，防止堵塞后续单元的机泵和工艺管道。经粗格栅处理的污水进入提升泵房，提升泵将进水提升至后续处理单元所要求的高度，使其实现重力自流，提升泵房出来的流水进入细格栅。

流水由提升泵流经细格栅进入平流沉砂池，在平流沉砂池中，在重力的作用下，部分大颗粒的悬浮颗粒从污水中沉淀分离出来，沉砂池出水由重力自流进入调节池。

调节池作用是用于调节水量和水质。调节池出水进入平流式初沉池。调节池工艺见图 2-2。

来自沉砂池的污水进入初沉池，在初沉池中通过物理沉降，去除 40% 的 SS、25% 的 BOD_5 和 30% 的 COD_{Cr}。初沉池出水进入反应池进一步处理。

反应池的目的是将乳化稳定体系脱稳、破乳。破乳的方法可采用投加混凝剂，使废水中增加相反电荷的胶体，压缩双电层，降低 ζ-电位，使其电性中和，促使废水中污染质破乳凝聚，以利于与气泡黏附而上浮。反应池所添加的试剂有：聚合氧化铝、聚合硫酸铁、三氯化铁、硫酸亚铁和硫酸铝。反应池出水直接进入气浮池。

利用泵将部分出水自清水池进行回流加压进入溶气罐内，空压机将压缩空气输入溶气罐，在溶气罐内，空气在压力的作用下溶于加压水中，形成溶气水，溶气水自释放器排放后

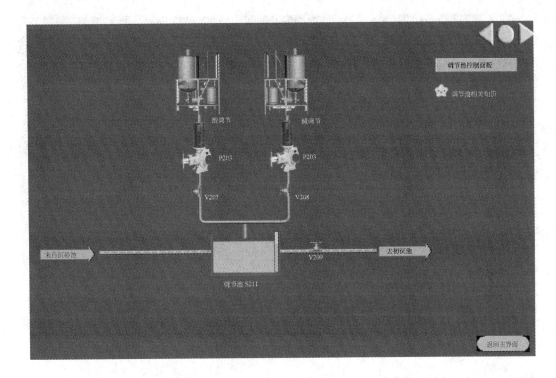

图 2-2　调节池工艺图

进入气浮池。

　　反应池来的废水直接进入气浮池。来自溶气罐的溶气水经释放器产生大量的微气泡，微气泡与废水中密度近于水的固体或液体污染物微粒黏附，形成整体密度小于水的"气泡-颗粒"复合体，悬浮粒子随气泡一起浮升到水面，形成泡沫或浮渣，然后用刮渣设备自水面刮除泡沫，实现固液或液液分离。

　　来自气浮池的污泥在浓缩池中进行浓缩，剩余水经重力自流至粗格栅，污泥由提升泵送至脱水机房。

　　来自浓缩池的污泥在脱水机房中进行脱水、稳定处理和最终处置，滤饼排放，剩余水经重力自流至粗格栅入口。

　　开车操作（二维码 m2-1）◄◄◄━━

　　（1）粗格栅和提升泵房岗位（见图 2-3、图 2-4）

　　① 打开粗格栅入口现场阀 V201，开度 50；

　　② 启动粗格栅 S201；

　　③ 启动潜水泵 P201；

　　④ 开潜水泵后止回阀。

　　（2）细格栅和平流沉砂池岗位

　　① 打开平流沉砂池刮渣机 S209 电源，启动刮渣机；

　　② 开平流沉砂池出口闸阀 V204，开度 50。

　　（3）调节池岗位

　　打开调节池出口闸阀 V209，开度 50。

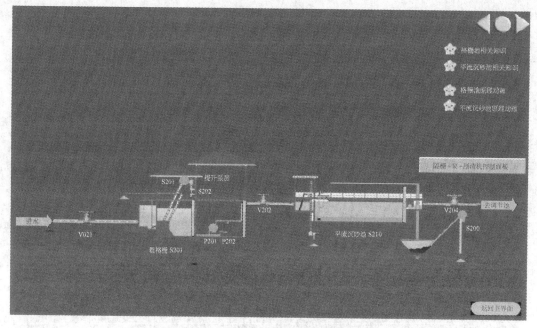

图 2-3 格栅-泵房-沉砂池工艺图

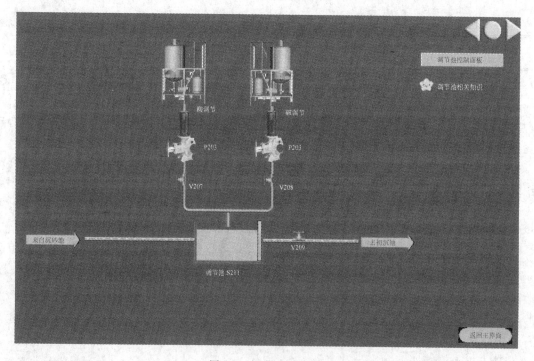

图 2-4 调节池工艺图

（4）初沉池岗位（见图 2-5）

① 打开初沉池刮泥机 S203 电源，启动刮泥机；

② 开初沉池出口排水闸阀 V206；

③ 当初沉池中污泥积累到一定高度时，打开初沉池出口排泥闸阀 V205，排泥入浓

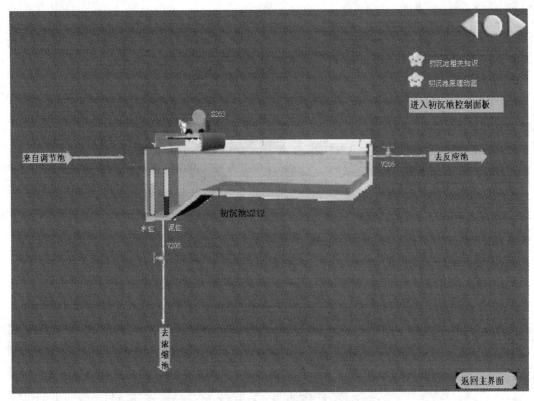

图 2-5　初沉池工艺图

缩池。

（5）反应池岗位（见图 2-6）

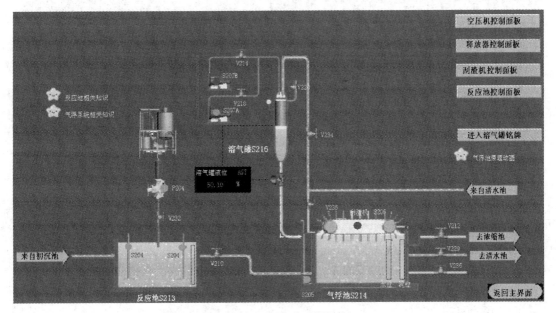

图 2-6　反应池工艺图

① 打开反应池加药计量泵 P204 电源，启动加药计量泵，调节加药阀门 V232 开度，控

制加药速率；

② 打开反应池搅拌器 S204 电源，启动搅拌器。

（6）气浮池岗位

① 打开溶气罐补水泵 P205 电源，启动补水泵，向溶气罐内补充循环水；

② 溶气罐液位控制器投自动，液位设定为 50%；

③ 待溶气罐内液位稳定在设定值时，启动空压机 S207A，向溶气罐内补充空气，控制溶气罐内压力为 350～400kPa；

④ 待容器系统稳定后，打开气浮池进口阀门 V210，开度 50；

⑤ 启动气浮池释放器 S205；

⑥ 打开气浮池出水闸阀 V229，开度为 50；

⑦ 待气浮池集渣槽内浮渣积累到一定厚度时，启动气浮池刮渣机 S206，打开气浮池排泥阀门 V212 排渣，V212 开度 50；

⑧ 打开清水池加药计量泵 P210，启动清水池加药计量泵；

⑨ 打开清水池出水闸阀 V233，开度 50，排放达标水。

（7）浓缩池岗位（见图 2-7）

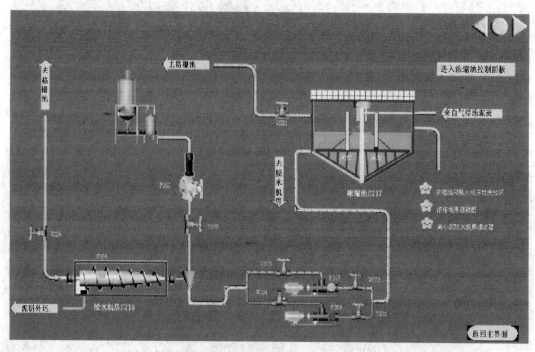

图 2-7　浓缩池和脱水机房工艺图

① 开浓缩池后提升泵前阀 V222，开度 100；

② 启动浓缩池后提升泵 P207；

③ 开浓缩池后提升泵后截至阀 V223，开度 50，输送污泥入脱水机房；

④ 开浓缩池后闸阀 V221，开度 50，排水入粗格栅。

（8）脱水机房（见图 2-7）

① 启动脱水机房加药计量泵 P209；

② 启动脱水机房离心脱水机 S208；

③ 开脱水机房后闸阀 V226，开度 50，排水入粗格栅。

停车操作<<<—

（1）关闭气浮池出水阀 V229；

（2）关闭气浮池进水阀门 V210；

（3）关闭溶气罐补水泵 P205 的出水阀门 V215；

（4）进入清水池控制面板，单击溶气罐补水泵 P205 运行按钮，停运溶气罐补水泵 P205；

（5）将溶气罐液位控制器 LIC201 投手动挡；

（6）单击溶气罐液位控制器 LIC201，设定溶气罐出水阀门 V219 开度为 0（OP 值为 0），关闭阀门 V219；

（7）进入空压机控制面板，单击空压机 S207A 电源按钮，关闭空压机；

（8）进入刮渣机控制面板，单击刮渣机 S206 电源按钮；

（9）单击刮渣机 S206 运行按钮，启动刮渣机 S206；

（10）单击刮渣机速度调节器，设定刮渣速率为 5m/min，进行刮渣气浮池浮渣厚度；

（11）待气浮池浮渣厚度为零时，刮渣完毕，进入刮渣机控制面板，单击刮渣机电源按钮，关闭刮渣机；

（12）全开气浮池出水阀 V229，进行气浮池排液操作；

（13）打开气浮池放空阀 V236，清除气浮池底积泥；

（14）操作完毕，单击工艺总貌图中"提交试卷"按钮。

子情境二　释放器故障处理

任务描述<<<—

任务目标	知识目标 (1)理解释放器的原理 (2)理解释放器的构筑物的类型、构造及工作过程等 能力目标 能够进行释放器故障处理操作 素质目标 具备一定的自学、计算机应用、沟通合作的能力			
技能任务	发现 故障	基本操作	处理 故障	基本操作
		维护巡视		安全事项
探索任务	释放器可能存在其他故障问题			

情境导入<<<—

在气浮池正常运行期间，释放器释放大气泡，浮渣面不平。

原因分析

释放器释放大气泡，释放器排放不畅。

处理方法（二维码 m2-2）<<<—

（1）在气浮池仿真界面，关闭溶气水阀门 V234。

（2）在气浮池仿真界面，打开反冲洗阀门 V235，开度 50 左右，清洗管路。

（3）清洗释放器。

子情境三　补水泵故障处理

任务描述<<<←

任务目标	知识目标 (1)理解补补水泵的原理 (2)理解补水泵的构筑物的类型、构造及工作过程等 能力目标 能够进行补水泵故障处理操作 素质目标 具备一定的自学、计算机应用、沟通合作的能力			
技能任务	发现 故障	基本操作	处理 故障	基本操作
		维护巡视		安全事项
探索任务	补水泵可能存在其他故障问题			

情境导入<<<←

在气浮池正常运行期间：

(1) 溶气罐水位偏低；

(2) 气浮池有大气泡。

原因分析

溶气罐水位偏低，补充水不足，补水泵坏。

处理方法（二维码 m2-3）<<<←

(1) 关闭故障补水泵 P205 出水阀门 V215；

(2) 进入清水池控制面板，单击补水泵 P205 电源按钮，关闭故障补水泵 P205；

(3) 关闭故障补水泵 P205 进水阀门 V227；

(4) 打开备用补水泵 P206 进水阀门 V228，开度 100；

(5) 进入清水池控制面板，单击备用补水泵 P206 电源，单击运行按钮，启动备用补水泵 P206；

(6) 打开备用补水泵 P206 的出水阀 V216，开度 50。

(7) 调整补水泵水量至回流量 62.5m³/h。

(8) 溶气水状态良好（乳白色，均匀）。

子情境四　气浮池启动

任务描述<<<←

任务目标	知识目标 (1)理解气浮池的原理 (2)理解气浮池的构筑物的类型、构造及工作过程等 能力目标 能够进行气浮池故障处理操作 素质目标 具备一定的自学、计算机应用、沟通合作的能力

技能任务	发现	基本操作	处理	基本操作
	故障	维护巡视	故障	安全事项
探索任务	气浮池可能存在其他故障问题			

情境导入 <<<——

气浮池运行参数设定

(1) 溶气水压力：$p=0.4\text{MPa}$。

(2) 气固比 $a=2\%$。

(3) 需溶气水量 $QR=22.7\text{m}^3/\text{h}$。

(4) 循环泵压力 $0.16\sim0.2\text{MPa}$。

(5) 回流量 $25\%\sim30\%$。

(6) 气浮池 COD 去除率 70%，BOD 去除率 60%，SS 去除率 85%。

启动操作（二维码 m2-4） <<<——

(1) 打开溶气罐补水泵 P205 前阀 V227，开度 100；

(2) 进入清水池控制面板，单击溶气罐补水泵 P205 电源按钮；

(3) 单击溶气罐补水泵 P205 运行按钮，启动补水泵；

(4) 打开泵后阀门 V215，开度 50；

(5) 打开溶气罐进水阀门 V234，开度 50，向溶气罐内注水；

(6) 将溶气罐水位控制器投自动挡；

(7) 溶气罐水位控制器水位值设定为 50%；

(8) 控制溶气罐水位在总水位的 50%；

(9) 待溶气罐内水位稳定在 50% 后，进入溶气罐控制面板，单击空压机 S207A 电源按钮；

(10) 单击空压机 S207A 运行按钮，启动空压机；

(11) 逐渐加大溶气罐进气阀门 V218 开度，调节空气流量，使溶气罐内压达到 $350\sim400\text{kPa}$；

(12) 待内压达到 $350\sim400\text{kPa}$ 之间时，将溶气罐进气阀 V218 开度投 50，使内压稳定；

(13) 控制溶气罐内压为 400kPa；

(14) 待溶气系统稳定后，开启气浮池进口阀门 V210，开度 50；

(15) 单击气浮池仿真画面上思考题按钮，根据题干选择正确答案［思考题：根据气浮处理后的（　　）及时调整混凝剂投加量，观察浮渣与出水情况，有条件的单位应及时进行分析测定，以寻求最佳的运转状态。］

子情境五　溶气罐压力过高应急处置

任务描述 <<<——

任务目标	知识目标 (1)理解溶气罐的原理 (2)理解溶气罐的构筑物的类型、构造及工作过程等 能力目标 能够进行溶气罐故障处理操作

任务目标	素质目标 具备一定的自学、计算机应用、沟通合作的能力			
技能任务	发现 故障	基本操作	处理 故障	基本操作
		维护巡视		安全事项
探索任务	溶气罐可能存在其他故障问题			

情境导入<<<——

在气浮工艺装置正常运行期间

罐内压力大于 $5kgf/cm^2$❶，红色显示不正常参数。

原因分析

罐内压力大于 $5kgf/cm^2$❶超过正常值，溶气罐内压力过高。

处理方法（二维码 m2-5）<<<——

（1）进入气浮池控制面板，单击空压机 S207A 电源按钮，关闭空压机；

（2）关闭溶气罐进气阀门 V218；

（3）进入清水池控制面板，单击溶气罐补水泵 P205 电源按钮，关闭补水泵；

（4）关闭溶气罐进水阀门 V234；

（5）打开溶气罐放空阀 V220，检修。

子情境六　出水悬浮物浓度过高

任务描述<<<——

任务目标	知识目标 (1)理解溶气罐的原理 (2)理解溶气罐的构筑物的类型、构造及工作过程等 能力目标 能够进行溶气罐故障处理操作 素质目标 具备一定的自学、计算机应用、沟通合作的能力			
技能任务	发现 故障	基本操作	处理 故障	基本操作
		维护巡视		安全事项
探索任务	溶气罐可能存在其他故障问题			

情境导入<<<——

在气浮工艺装置正常运行期间

（1）气浮池排泥不畅，泥位升高；

（2）溶气罐压力为 $3.5kgf/cm^2$；

（3）混凝剂：加药速度正常值为 1L/min，显示加药速度为 0.05L/min。

原因分析

气浮池排泥不畅，泥位升高，清水池出水 SS 过高。

处理方法（二维码 m2-6）<<<——

（1）进入气浮池仿真界面，开大空压机进气阀门 V218，开度大于 50，使罐内压力增大

---

❶　$1kgf/cm^2 = 98kPa$。

到 450kPa；

（2）进入气浮池仿真界面，待溶气罐压力增加到 450kPa 时，将进气阀 V218 开度达到50，使压力稳定在 450kPa；

（3）进入反应池仿真界面，开大反应池加药计量泵加药阀门 V232，开度达到 20；

（4）进入气浮池仿真界面，开大气浮池出水阀 V229，开度大于 50。

子情境七　初级工巡视

情境导入<<<—

各项指标均符合标准，过程稳定。重在监控，基本不需要进行操作，巡视整个工艺后将结果填入巡视记录表中。

（1）选择巡视间隔时间：2h。

（2）巡视记录表：

	格栅提升泵房		集水井			进水流量	加药间反应池		压力溶气罐			气浮池		污泥浓缩池	污泥脱水		清水消毒池	
巡查时间间隔选择	格栅运行情况	液位/m	刮渣机运行情况	液位/m	水泵状况	流量/(m³/h)	搅拌器	加药计量泵运行情况	空压机运行情况	补水泵运行情况	溶气罐专业部门定期检验和保养	刮渣机运行情况	溶气水状态	污泥泵运行情况	加药计量泵运行情况	带式压滤机运行状况	加药计量泵运行情况	液位

处理方法<<<—

（1）巡视时间间隔 2h。

（2）粗格栅运行情况：单击控制面板，观察面板上的指示灯情况，红色、黄色、绿色三种颜色的灯。

（3）液位：单击液位控制面板，观察面板上的数据，例如 2.5～4.3m 之间的任意数据。

（4）刮渣机：单击控制面板，观察面板上的指示灯情况，红色、黄色、绿色三种颜色的灯。

（5）水泵状况：单击控制面板，观察面板上的指示灯情况，红色、黄色、绿色三种颜色的灯。

（6）进水流量：观察流量计读数。

（7）反应池搅拌器：单击控制面板，观察面板上的指示灯情况，红色、黄色、绿色三种颜色的灯。

（8）反应池加药计量泵：单击控制面板，观察面板上的指示灯情况，红色、黄色、绿色三种颜色的灯。

（9）溶气罐空压机：单击控制面板，观察面板上的指示灯情况，红色、黄色、绿色三种颜色的灯。

（10）溶气罐补水泵：单击控制面板，观察面板上的指示灯情况，红色、黄色、绿色三种颜色的灯。

（11）溶气罐专业部门定期检验和保养：单击溶气罐铭牌，观察铭牌。

（12）气浮池刮渣机：单击控制面板，观察面板上的指示灯情况，红色、黄色、绿色三种颜色的灯。

（13）溶气水状态：观察出水是否均匀，选择均匀或不均匀。

（14）浓缩池污泥泵运行情况：单击控制面板，观察面板上的指示灯情况，红色、黄色、绿色三种颜色的灯。

（15）脱水机房加药计量泵运行情况：单击控制面板，观察面板上的指示灯情况，红色、黄色、绿色三种颜色的灯。

（16）脱水机房压滤机运行情况：单击控制面板，观察面板上的指示灯情况，红色、黄色、绿色三种颜色的灯。

（17）清水加药计量泵运行情况：单击控制面板，观察面板上的指示灯情况，红色、黄色、绿色三种颜色的灯。

（18）清水池液位：单击液位控制面板，观察面板上的数据，例如 2.5～4.3m 之间的任意数据。

子情境八　中级工巡视

情境导入〈〈〈——

各项指标均符合标准，过程稳定。重在监控，基本不需要进行操作，巡视整个工艺后将结果填入巡视记录表中。

（1）选择巡视间隔时间：2h。

（2）巡视记录表：

巡查时间间隔选择	格栅提升泵房		集水井	进水流量		调节池		加药间反应池	溶气罐		气浮池			污泥浓缩池		污泥脱水		清水消毒池			
	格栅运行情况	刮渣机运行状态	液位/m	水泵状况	流量计/(m^3/h)	来水pH	出水pH	加药计量泵运行情况	空压机压力	补水泵水量	刮渣机运行状况	溶气水释放状态	释放器状态	污泥泵运行情况	加药计量流量	泥饼含水率	加药计量泵运行情况	COD/(mg/L)	NH_3-N/(mg/L)	SS/(mg/L)	排水余氯含量/%

处理方法〈〈〈——

（1）巡视时间间隔2h。

（2）粗格栅运行情况：单击控制面板，观察面板上的指示灯情况，红色、黄色、绿色三种颜色的灯。

（3）液位：观察仿真界面上的液位数据，例如 2.5～4.3m 之间的任意数据。

（4）刮渣机：单击控制面板，观察面板上的指示灯情况，红色、黄色、绿色三种颜色的灯。

（5）水泵状况：单击控制面板，观察面板上的指示灯情况，红色、黄色、绿色三种颜色的灯。

（6）进水流量：观察流量计读数。

（7）调节池来水 pH：观察调节池仿真界面上的来水 pH 数据，例如 6～9 之间的任意数据。

（8）调节池出水 pH：观察调节池仿真界面上的出水 pH 数据，例如 6～9 之间的任意数据。

（9）反应池加药计量泵：单击控制面板，观察面板上的指示灯情况，红色、黄色、绿色三种颜色的灯。

（10）溶气罐空压机：单击控制面板，观察面板上的指示灯情况，红色、黄色、绿色三种颜色的灯。

（11）溶气罐补水泵：单击控制面板，观察面板上的指示灯情况，红色、黄色、绿色三种颜色的灯。

（12）溶气罐专业部门定期检验和保养：单击溶气罐铭牌，观察铭牌。

（13）气浮池刮渣机：单击控制面板，观察面板上的指示灯情况，红色、黄色、绿色三种颜色的灯。

（14）溶气水状态：观察出水是否均匀，选择均匀或不均匀。

（15）气浮池释放器运行情况：单击控制面板，观察面板上的指示灯情况，红色、黄色、绿色三种颜色的灯。

（16）浓缩池污泥泵运行情况：单击控制面板，观察面板上的指示灯情况，红色、黄色、绿色三种颜色的灯。

（17）脱水机房加药计流量：观察脱水机房仿真界面上的加药计流量数据，例如 0～2 之间的任意数据。

（18）脱水机房泥饼含水率：观察脱水机房仿真界面上数据，真空过滤的脱水泥饼含水率为 60%～80%，压滤脱水为 65%～80%，滚压带式脱水为 78%～86%，离心脱水为 80%～85%。

（19）清水加药计量泵运行情况：单击控制面板，观察面板上的指示灯情况，红色、黄色、绿色三种颜色的灯。

（20）清水池 COD：观察清水池仿真界面上出水水质 COD 数据，例如 70～100mg/L 之间的任意数据。

（21）清水池 NH_3-N：观察清水池仿真界面上出水水质 NH_3-N 数据，例如 3～63mg/L 之间的任意数据。

（22）清水池 SS：观察清水池仿真界面上出水水质 SS 数据，例如 20～80mg/L 之间的任意数据。

（23）清水池余氯含量：观察清水池仿真界面上出水水质余氯含量数据，例如 0～2mg/L 之间的任意数据。

SBR 工艺运行监测

情境分析 <<<—

间歇式活性污泥法（SBR）又称为序批式活性污泥法。SBR 工艺对于污水中氮、磷的去除有其独到的优势。SBR 工艺系统组成简单，运行工况以间隙操作为主要特征。序列间歇式有两种含义：一是运行操作在空间上是按序列、间歇的方式进行的。由于废水大量连续排放且流量的波动很大，此时间歇反应器（SBR）至少为两个池。废水连续按序列进入每个反应器，它们运行时的相对关系是有次序的，也是间歇的。二是每个 SBR 反应器的运行操作在时间上也是按次序排列间歇运行的，一般可按运行次序分为 5 个阶段，其中自进水、反应、沉淀、排水排泥至闲置期结束为一个运行周期。在一个运行周期中，各个阶段的运行时间、反应器内混合液体积的变化及运行状态等，都可以根据具体的污水性质、出水质量与运行功能要求等灵活掌握。

子情境一　SBR 工艺运行

任务描述 <<<—

任务目标	知识目标 (1)理解 SBR 工艺的原理 (2)理解 SBR 工艺的构筑物的类型、构造及工作过程等 能力目标 能够进行 SBR 工艺的开车、停车操作 素质目标 具备一定的自学、计算机应用、沟通合作的能力				
技能任务	开车	基本操作	停车	基本操作	
		维护巡视		安全事项	
探索任务	SBR 工艺存在问题				

情境导入 <<<—

某污水处理厂污水水质，污水处理量为 $6000 m^3/d$。

水质指标	COD$_{Cr}$	BOD$_5$	悬浮物(SS)	氨氮(以 N 计)	动植物油	pH
浓度/(mg/L)	300～500	100～150	500～1200	25	9	6.2～6.7

处理厂出水水质达到国家二级排放标准（GB 18918—2002）

水质指标	COD$_{Cr}$	BOD$_5$	悬浮物(SS)	氨氮(以 N 计)	动植物油	pH
浓度/(mg/L)	100	30	30	25(30)	5	6～9

知识链接 <<<—

　　SBR 工艺（见图 3-1）是一种高效、经济、可靠、适合中小水量污水处理的工艺，尤其是 SBR 工艺对于污水中氮、磷的去除，有其独到的优势。间歇式活性污泥法又称为序批式活性污泥法，简称 SBR 法（sequencing batch reactor）。

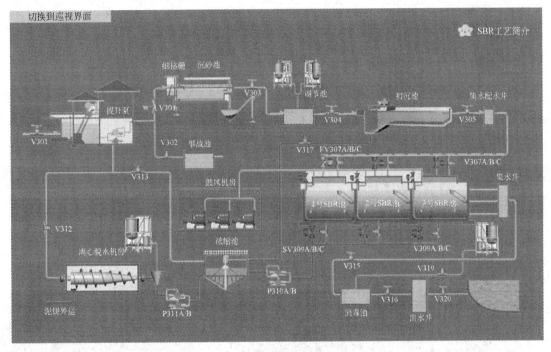

图 3-1　SBR 工艺流程

　　原则上，可以把间歇式活性污泥法系统作为活性污泥法的一种变法，一种新的运行方式。如果说，连续式推流式曝气池是空间上的推流，则间歇式活性污泥曝气池，在流态上虽然属完全混合式，但在有机物降解方面则是时间上的推流。在连续式推流曝气池内，有机污染物是沿着空间降解的，而间歇式活性污泥处理系统，有机污染物则是沿着时间的推移而降解的。

　　原污水流入到 SBR 池子，间歇的进行水处理。按时间顺序依次进行进水→反应→沉淀→排放→待机（闲置）等五个基本过程，然后周而复始反复进行。

　　（1）进水工序

　　在污水注入之前，反应器处于 5 道工序中的最后的闲置段，处理后的废水已经排放，器内残存着高浓度的活性污泥混合溶液。污水注入，注满后再进行反应，从这个意义来说，反应器起到调节池的作用，因此，反应器对水质、水量的变动有一定的适应性。

　　本工序所需要用的时间，则根据实际排水情况和设备条件确定，从工艺效果要求，注入时间以短促为宜，瞬间最好，但这在实际上有时是难以做到的。

（2）反应工序

这是本工艺最主要的一道工序。污水注入达到预定的高度后，即开始反应操作，根据污水处理的目的，如 BOD 去除、硝化、磷的吸收以及反硝化等，采取相应的技术措施，如前三项为曝气，后一项则为缓速搅拌，并根据需要达到的程度决定反应延续时间。

在本道工序的后期，进入下一步沉淀之前，还要进行短暂的微量曝气，以吹脱污泥旁的气泡或氮，以保证沉淀过程的正常进行，如需要排泥，也在本工序后期进行。

（3）沉淀工序

本工序相当于活性污泥法连续系统的二次沉淀池。停止曝气和搅拌，使混合液处于静止状态，活性污泥与水分离，由于本工序是静止沉淀，沉淀效果一般良好。

沉淀工序采取的时间基本同二次沉淀池，一般为 1.5～2.0h。

（4）排放工序

经过沉淀后产生的上清液，作为处理水排放。一直到最低水位，在反应器内残留一部分活性污泥，作为种泥。

（5）待机工序（或闲置工序）

即在处理水排放后，反应器处于停滞状态，等待下一个操作周期开始的阶段。此工序时间，应根据现场具体情况而定。

SBR 工艺包括以下优点：①工艺简单，节省费用；②理想的推流过程使生化反应推动力大、效率高；③运行方式灵活、脱氮除磷效果好；④防止污泥膨胀的最好工艺，产泥量少。

开车操作（二维码 m3-1）◀◀◀———

（1）开工前的准备工作及全面大检查

开工前全面大检查、处理完毕，设备处于良好的备用状态。

（2）粗格栅（见图 3-2）和提升泵房岗位

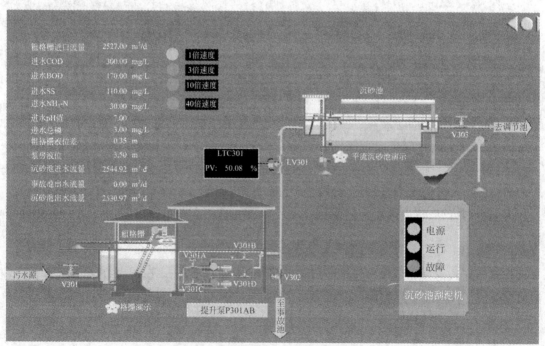

图 3-2　粗格栅和平流沉砂池工艺

① 打开粗格栅入口现场阀；

② 启动粗格栅；

③ 启动潜水泵；

④ 开潜水泵后止回阀。

（3）细格栅和平流沉砂池岗位（见图3-3）

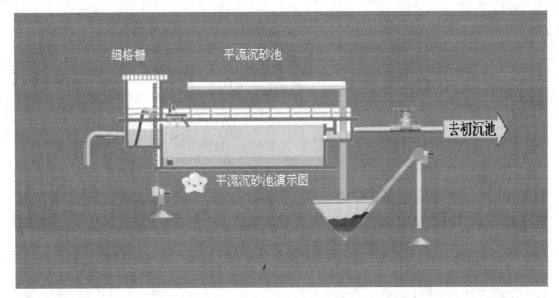

图3-3 细格栅和平流沉砂池工艺

① 打开平流沉砂池刮渣机电源，启动刮渣机。

② 开平流沉砂池出口闸阀。

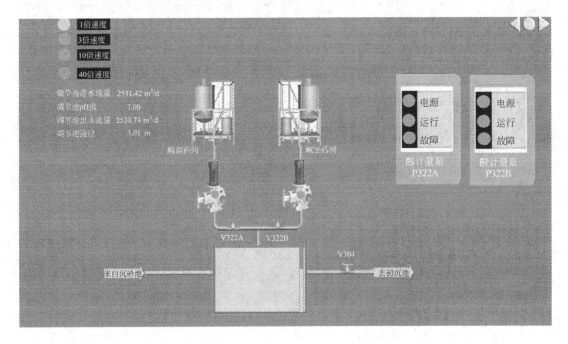

图3-4 调节池工艺图

（4）初沉池岗位

① 打开初沉池刮泥机电源，启动刮泥机。

② 开初沉池出口排水闸阀。

③ 当初沉池中污泥积累到一定高度时，打开初沉池出口排泥闸阀，排泥入浓缩池。

（5）调节池岗位（见图 3-4）

用于调节水量和水质。

（6）SBR 池岗位

① 原污水流入到间歇式曝气池。

② 按时间顺序依次进行进水→反应→沉淀→出水→待机（闲置）等五个基本过程，周而复始反复进行。

（7）浓缩池（见图 3-5）

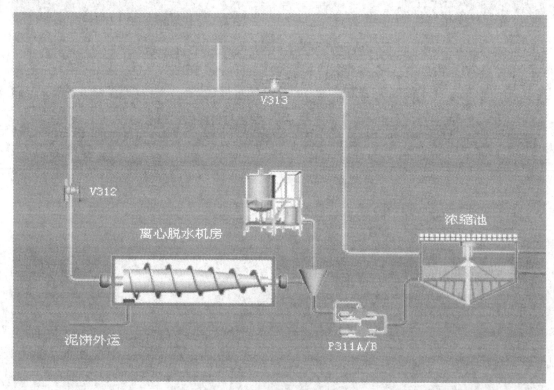

图 3-5　浓缩池工艺图

① 启动浓缩池刮泥机；

② 开浓缩池后提升泵前阀；

③ 启动浓缩池后提升泵；

④ 开浓缩池后提升泵后截止阀，输送污泥入脱水机房；

⑤ 开浓缩池后闸阀，排水入粗格栅。

（8）脱水机房

① 启动脱水机房加药计量泵；

② 启动脱水机房离心脱水机；

③ 开脱水机房后闸阀，排水入粗格栅。

停车操作 <<<←—

（1）关闭格栅入口阀门 V301；

（2）关闭浓缩池上清液排水阀门 V313；

（3）关闭脱水机排水阀门 V312；

（4）关闭格栅 A；

（5）将泵房出口液位控制器 LIC301 设置手动状态；

（6）将泵房出口液位控制器 LIC301 开度开大，保证泵房中的水继续流出；

（7）关闭提升泵 A 后阀 V301B；

（8）关闭提升泵 A 电源或者运行开关；

（9）关闭提升泵 A 前阀 V301A；

（10）沉砂池出水流量<1000m³/d 时，关闭沉砂池出口阀 V303；

（11）沉砂池出水流量<1000m³/d 时，关闭平流沉砂池刮泥机电源或者其运行开关；

（12）观察调节池液位，低于 2m 时，关闭出口阀 V304；

（13）观察初沉池液位，低于 2m 时，关闭出口阀 V305；

（14）关闭初沉池刮泥机电源或者运行开关；

（15）初沉池后集水配水井液位低于 2m 时，观察 SBR 池 1 的自动运行状态，在运行到待机或者排队状态后，单击停止按钮，结束 SBR 池的运行状态；

（16）关闭 SBR 池 1 的对应滗水器；

（17）初沉池后集水配水井液位低于 2m 时，观察 SBR 池 2 的自动运行状态，在运行到待机或者排队状态后，单击停止按钮，结束 SBR 池的运行状态；

（18）关闭 SBR 池 2 的对应滗水器；

（19）初沉池后集水配水井液位低于 2m 时，观察 SBR 池 3 的自动运行状态，在运行到待机或者排队状态后，单击停止按钮，结束 SBR 池的运行状态；

（20）关闭 SBR 池 3 的对应滗水器；

（21）关闭 SBR 池排泥泵后阀 V310B；

（22）关闭 SBR 池排泥泵 P310A 的电源或者运行开关；

（23）关闭 SBR 池排泥泵前阀 V310A；

（24）浓缩池液位低于 1.1m 后，关闭浓缩池排泥泵后阀 V311B；

（25）浓缩池液位低于 1.1m 后，关闭 SBR 池排泥泵 P311A 的电源或者运行开关；

（26）浓缩池液位低于 1.1m 后，关闭浓缩池排泥泵前阀 V311A。

子情境二　SBR 池排水排泥操作（一）

任务描述 <<<←—

任务目标	知识目标
	（1）理解 SBR 池的原理
	（2）理解 SBR 池的构筑物的类型、构造及工作过程等
	能力目标
	能够进行 SBR 池故障处理操作
	素质目标
	具备一定的自学、计算机应用、沟通合作的能力

技能任务	发现故障	基本操作	处理故障	基本操作
		维护巡视		安全事项
探索任务	SBR 池可能存在其他故障问题			

情境导入 <<<——

在工艺正常运行期间，提升泵控制柜显示电流增大，报警灯变亮，流量减少，进水泵房水位上升至 100% 以上，并还在缓慢上升，报警。

处理方法（二维码 m3-2）<<<——

(1) 确认备用泵的出水阀关闭状态；

(2) 打开备用提升泵进水阀门；

(3) 启动备用泵；

(4) 打开备用泵出水阀；

(5) 关闭故障提升泵出水阀门；

(6) 关闭故障提升泵；

(7) 关闭故障提升泵进水阀门；

(8) 观察水位降直至 4.8m 以下，报警解除，操作完毕；

(9) 观察水泵工作状态（电流、电压、噪声、振动）正常，守机 10min。

子情境三　SBR 池排水排泥操作（二）

任务描述 <<<——

任务目标	知识目标 (1)理解 SBR 池的原理 (2)理解 SBR 池的构筑物的类型、构造及工作过程等 能力目标 能够进行 SBR 池故障处理操作 素质目标 具备一定的自学、计算机应用、沟通合作的能力			
技能任务	发现故障	基本操作	处理故障	基本操作
		维护巡视		安全事项
探索任务	SBR 池可能存在其他故障问题			

情境导入 <<<——

在工艺正常运行期间，SBR 池泥面增高（见图 3-6）。

处理方法 <<<——

(1) 自动切换为手动；

(2) 确认进水阀关闭；

(3) 确认曝气停止时间满 1h；

(4) 启动滗水器；

(5) 到规定水位后，打开排泥阀。

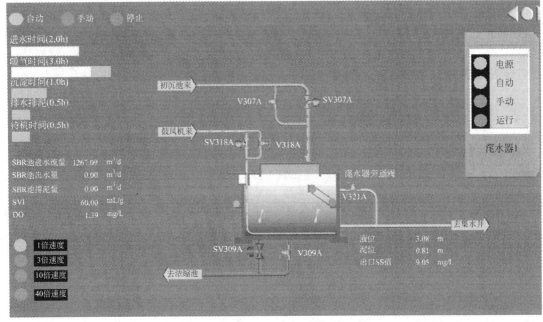

图 3-6　SBR 池工艺

子情境四　滗水器应急处理

任务目标	知识目标 (1)理解滗水器的原理 (2)理解滗水器的构筑物的类型、构造及工作过程等 能力目标 能够进行滗水器故障处理操作 素质目标 具备一定的自学、计算机应用、沟通合作的能力			
技能任务	发现 故障	基本操作	处理 故障	基本操作
		维护巡视		安全事项
探索任务	滗水器可能存在其他故障问题			

情境导入<<<

在工艺正常运行期间，调节池进水正常，滗水器故障亮红灯。

处理方法（二维码 m3-3）<<<

(1) 自动切换为手动；

(2) 确认进水阀关闭；

(3) 打开旁通阀，降低 SBR 池水位；

(4) 检修；

(5) 到达 SBR 池水位，关闭旁通阀；

(6) 系统复位，回到自动状态。

子情境五　消毒池余氯调控操作

任务描述 <<<←

任务目标	知识目标 (1)理解消毒池的原理 (2)理解消毒池的构筑物的类型、构造及工作过程等 能力目标 能够进行消毒池故障处理操作 素质目标 具备一定的自学、计算机应用、沟通合作的能力			
技能任务	发现 故障	基本操作	处理 故障	基本操作
		维护巡视		安全事项
探索任务	消毒池可能存在其他故障问题			

情境导入 <<<←

在工艺正常运行期间，消毒池余氯值为 0.3mg/L 左右，红色显示不正常参数。

处理方法（二维码 m3-4）<<<←

(1) 确认余氯 0.3mg/L，低于规定值 0.5～1.5mg/L；

(2) 调节加药计量泵的流量增大至余氯达到 0.5～1.5mg/L；

(3) 确认消毒池进水流量稳定，余氯稳定（见图 3-7）。

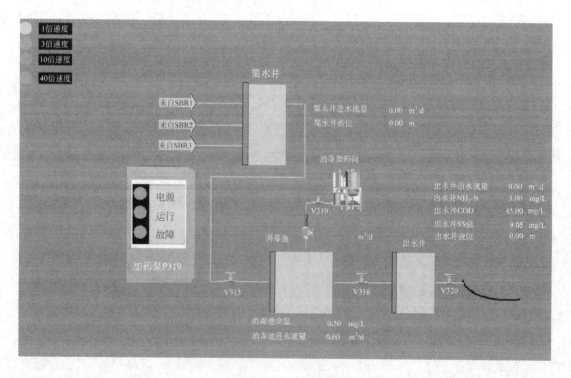

图 3-7　消毒池工艺图

子情境六　离心脱水机系统停机后清洗操作

任务描述<<<——

任务目标	知识目标 (1)理解离心脱水机系统的原理 (2)理解离心脱水机系统的构筑物的类型、构造及工作过程等 能力目标 能够进行离心脱水机系统故障处理操作 素质目标 具备一定的自学、计算机应用、沟通合作的能力			
技能任务	发现 故障	基本操作	处理 故障	基本操作
		维护巡视		安全事项
探索任务	离心脱水机系统可能存在其他故障问题			

情境导入<<<——

在工艺正常运行期间，离心脱水机系统进行停机操作。

处理方法（二维码 m3-5)**<<<——**

(1) 停止进料污泥泵；

(2) 停止污泥切割机；

(3) 停止絮凝剂投药泵；

(4) 停止离心脱水机；

(5) 停止冲洗泵；

(6) 关闭冲洗阀门；

(7) 停止干污泥螺旋输送机；

(8) 关闭主控制电源；

(9) 关闭絮凝剂投配装置电源。

子情境七　SBR池的手动运行操作

任务描述<<<——

任务目标	知识目标 (1)理解 SBR 池的手动运行的原理 (2)理解 SBR 池的构筑物的类型、构造及工作过程等 能力目标 能够进行 SBR 池故障处理操作 素质目标 具备一定的自学、计算机应用、沟通合作的能力			
技能任务	发现 故障	基本操作	处理 故障	基本操作
		维护巡视		安全事项
探索任务	SBR 池可能存在其他故障问题			

情境导入 <<<——

在工艺正常运行期间，按照各运行时间段分别手动开启对应的设备。

处理方法（二维码 m3-6）<<<——

(1) 自动切换为手动；

(2) 检查并确认排水排泥阀已关闭；

(3) 打开进水阀；

(4) 1h 后打开曝气阀；

(5) 1h 后关闭进水阀；

(6) 2h 后关闭曝气阀；

(7) 1h 后启动滗水器，打开排水、排泥阀；

(8) 0.5h 后关闭排水、排泥阀；

(9) 待机 0.5h，确认操作完成；

(10) 手动切换为自动。

子情境八　曝气系统的日常维护

任务描述 <<<——

任务目标	知识目标 (1)理解曝气系统的原理 (2)理解曝气系统的构筑物的类型、构造及工作过程等 能力目标 能够进行曝气系统故障处理操作 素质目标 具备一定的自学、计算机应用、沟通合作的能力				
技能任务	发现 故障	基本操作		处理 故障	基本操作
		维护巡视			安全事项
探索任务	曝气系统可能存在其他故障问题				

情境导入 <<<——

在工艺正常运行期间，在鼓风机房界面中进行鼓风机巡视。

处理方法（二维码 m3-7）<<<——

(1) 进风管道的清洁、过滤；

(2) 检查并保证风机冷却、润滑系统的正常；

(3) 风机运行时，注意油温、油压、风量、电流、电压并每小时记录一次；

(4) 风机长期停用时，关闭进、出气阀和水冷却系统，放空存水；

(5) 经常排放曝气管道中的存水，完毕后立即关闭放水阀；

(6) 经常检查管路密封情况，防漏气；

(7) 观察气泡是否大小均匀，及时进行曝气器的清洗或更换。

子情境九　液位控制

任务描述 <<<←——

任务目标	知识目标 (1)理解液位控制的原理 (2)理解液位控制的构筑物的类型、构造及工作过程等 能力目标 能够进行液位控制处理操作 素质目标 具备一定的自学、计算机应用、沟通合作的能力			
技能任务	发现 故障	基本操作	处理 故障	基本操作
		维护巡视		安全事项
探索任务	液位控制可能存在其他故障问题			

情境导入 <<<←——

在工艺正常运行期间，进水达到最高设计水位5.0m。

处理方法（二维码 m3-8）<<<←——

(1) 自动切换为手动；

(2) 检查并确认排水排泥阀已关闭；

(3) 打开进水阀；

(4) 1h后打开曝气阀；

(5) 进水达到最高设计水位5.0m时，考生应关闭进水阀门同时关闭水泵；

(6) 2h后关闭曝气阀；

(7) 1h后启动滗水器，打开排水、排泥阀；

(8) 0.5h后关闭排水、排泥阀；

(9) 待机0.5h，确认操作完成；

(10) 手动切换为自动。

子情境十　初级工巡视

情境导入 <<<←——

各项指标均符合标准，过程稳定。重在监控，巡视整个工艺后将结果填入巡视记录表中。

(1) 选择巡视间隔时间2h。

(2) 巡视记录表：

巡查时间间隔选择	粗格栅水位差/m	集水井水位/m	进水泵房		沉砂池	初沉池	调节池	SBR池	集水配水井	消毒池	出水井	污泥浓缩池	污泥脱水机	鼓风机房	
流量/(m³/h)	进水泵工作情况	砂粒情况	堰口出水情况	pH	滗水器工作情况	水位/m	水位/m	加药泵工作情况	流量/(m³/h)	进泥流量/(m³/h)	液位/m	离心脱水机情况	压力计/MPa	流量计/(m³/h)	温度/℃

子情境十一　中级工巡视

情境导入<<<——

各项指标均符合标准，过程稳定。重在监控，巡视整个工艺后将结果填入巡视记录表中。

（1）选择巡视间隔时间 2h。

（2）巡视记录表：

巡检时间间隔	粗格栅水位差/m	集水井水位/m	进水流量	调节池	SBR池（曝气时段）		集水配水井	消毒池	出水井						污泥浓缩池		污泥脱水机房		鼓风机房		
			流量/(m³/h)	pH	DO/(mg/L)	SV₃₀/(mg/L)	水位/m	余氯/(mg/L)	流量/(m³/h)	COD/(mg/L)	NH₃-N(mg/L)	SS/(mg/L)			进泥流量/(m³/h)	液位/m	泥饼含水率/%	离心脱水机情况	压力计/MPa	流量计/(m³/h)	温度/℃

A₂O 工艺运行监测

情境分析<<←—

A₂O 工艺是厌氧-缺氧-好氧生物脱氮除磷工艺的简称。A₂O 工艺是在厌氧-好氧除磷工艺的基础上开发出来的，该工艺同时具有脱氮除磷的功能。

该工艺在厌氧-好氧除磷工艺（A₂O）中加入缺氧池，将好氧池流出的一部分混合液回流至缺氧池前端，以达到脱氮的目的。

在厌氧池中，原污水及同步进入的从二沉池的混合液回流的含磷污泥的注入，本段主要功能为释放磷，使污水中 P 的浓度升高，溶解性有机物被微生物细胞吸收而使污水中 BOD 浓度下降；别外，NH_3-N 因细胞的合成而被去除一部分，使污水中 NH_3-N 浓度下降，但 NO_3-N 含量没有变化。

在缺氧池中，反硝化菌利用污水中的有机物作碳源，将回流混合液中带入的大量 NO_3-N 和 NO_2-N 还原为 N_2 释放至空气，因此 BOD_5 浓度下降，NO_3-N 浓度大幅度下降，而磷的变化很小。

在好氧池中，有机物被微生物生化降解，而继续下降，有机氮被硝化，使 NH_3-N 浓度显著下降，但随着硝化过程使 NO_3-N 浓度增加，P 随着聚磷菌的过量摄取，也比较快的速度下降。整个工艺的关键在于混合液回流，由于回流液中的大量硝酸盐回流到缺氧池后，可以从原污水得到充足的有机物，使反硝化脱氮得以充分进行，有利于降低出水的硝态氮，同时也可以解决利用微生物的内源代谢物质作为碳源的碳源不足问题，改善出水水质。

所以，A₂O 工艺由于不同环境条件，不同功能的微生物群落的有机配合，加之厌氧、缺氧条件下，提高对 COD 的去除效果。它可以同时具有有机物的去除，硝化脱氮、磷的过量摄取而被去除等功能，脱氮的前提是 NH_3-N 应完全硝化，好氧池能完成这一功能，缺氧池则完成脱氮功能。厌氧池和好氧池联合完成除磷功能。

子情境一 A₂O 工艺运行

任务描述 <<<——

任务目标	知识目标 (1)理解 A₂O 工艺的原理 (2)理解 A₂O 工艺的构筑物的类型、构造及工作过程等 能力目标 能够进行 A₂O 工艺的开车、停车操作 素质目标 具备一定的自学、计算机应用、沟通合作的能力				
技能任务	开车	基本操作	停车	基本操作	
		维护巡视		安全事项	
探索任务	A₂O 工艺存在问题				

情境导入 <<<——

某污水处理厂污水水质，污水处理量为 6000m³/d。

水质指标	CODcr	BOD₅	悬浮物(SS)	氨氮(以 N 计)	动植物油	pH
浓度/(mg/L)	300~500	100~150	500~1200	25	9	6.2~6.7

处理厂出水水质达到国家二级排放标准（GB 18918—2002）

水质指标	CODcr	BOD₅	悬浮物(SS)	氨氮(以 N 计)	动植物油	pH
浓度/(mg/L)	100	30	30	25(30)	5	6~9

工艺水质参数

水质参数	BOD	COD	SS	NH₃-N	P	pH
源污水	160	400	125	28	5	6~9
初沉池出水	120	280	75	25	5	6~9
生化池出水	14.4	39	75	3.75	1	6~9
二沉池出水	14.4	39	12	3.75	1	6~9
达标水水质要求	20	60	20	8(15)	1	6~9

主要设备一览表（设备作用、正常值范围）

序 号	位 号	名 称	说 明
1	S401	回转式粗格栅	去除污水大颗粒杂质
2	S402	回转式粗格栅(备用)	去除污水大颗粒杂质
3	S403	沉沙池刮砂机	刮掉沉砂池中沉淀的污泥
4	S404	初沉池刮砂机	刮掉沉砂池中沉淀的污泥
5	S407	空压机	向好氧池补充空气
6	S408	空压机	向好氧池补充空气
7	S409	空压机	向好氧池补充空气
8	S410	厌氧池搅拌器	使厌氧池内溶液和药混合均匀
9	S411	缺氧池搅拌器	使缺氧池内溶液和药混合均匀
10	S412	二沉池刮砂机	刮掉二沉池中沉淀的污泥
11	S413	二沉池刮砂机	刮掉二沉池中沉淀的污泥

序 号	位 号	名 称	说 明
12	S414	脱水机房压滤机	污泥脱水
13	S421	沉砂池	沉砂池是采用物理原理将砂从污水中分离出来,以免砂在后续处理单元和管道中沉积,并使设备过度磨损
14	S422	调节池	用于调节水量和水质
15	S423	初沉池	初沉池的主要作用有:去除50%~60%的SS;去除25%~35%的BOD_5;去除漂浮物;均和水质
16	S424	厌氧池	将在厌氧池中,原污水及同步进入的从二沉池的混合液回流的含磷污泥的注入,本段主要功能为释放磷,使污水中P的浓度升高,溶解性有机物被微生物细胞吸收而使污水中BOD浓度下降;别外,NH_3-N因细胞的合成而被去除一部分,使污水中NH_3-N浓度下降,但NO_3-N含量没有变化
17	S425	缺氧池	在缺氧池中,反硝化菌利用污水中的有机物作碳源,将回流混合液中带入的大量NO_3^--N和NO_2^--N还原为N_2释放至空气,因此BOD_5浓度下降,NO_3^--N浓度大幅度下降,而磷的变化很小
18	S426	好氧池	在好氧池中,有机物被微生物生化降解,而继续下降,有机氮被硝化,使NH_3-N浓度显著下降,但随着硝化过程使NO_3^--N浓度增加,P随着聚磷菌的过量摄取,也以比较快的速度下降。整个工艺的关键在于混合液回流,由于回流液中的大量硝酸盐回流到缺氧池后,可以从原污水得到充足的有机物,使反硝化脱氮得以充分进行,有利于降低出水的硝态氮,同时也可以解决利用微生物的内源代谢物质作为碳源的碳源不足问题,改善出水水质
19	S427	配水井	储存和缓冲作用
20	S428	二沉池	在二沉池中,利用物理沉淀作用,实现污泥和水的分离;同时可以向二沉池中投加药剂,调节水质。二沉池出水进入调节池,出泥进入浓缩池进一步进行处理
21	S429	二沉池	在二沉池中,利用物理沉淀作用,实现污泥和水的分离;同时可以向二沉池中投加药剂,调节水质。二沉池出水进入调节池,出泥进入浓缩池进一步进行处理
22	S430	清水池	储存和出水的最后处理,使出水达标并排放
23	S431	污泥回流井	储存和缓冲作用
24	S432	浓缩池	对污泥进行浓缩,上清液回流至泵房,污泥运至脱水机房
25	S433	脱水机房	对污泥进行浓缩、脱水、稳定处理和最终处置以达到减量化、稳定化、无害化以及资源化的目的

主要显示仪表一览表(仪表测量位置,例如测量何地的pH,正常值单位、范围)

序 号	位 号	名 称	说 明
1	FI401	污水来源流量计	正常值 1041m³/h
2	FI402	提升泵房出水流量计	正常值 1041m³/h
3	FI403	沉砂池出水流量计	正常值 1041m³/h
4	FI404	调节池出水流量计	正常值 1041m³/h
5	FI405	初沉池出水流量计	正常值 1041m³/h
6	FI406	初沉池出泥流量计	正常值 0.02m³/h
7	FI407	厌氧池出水流量计	正常值 3123m³/h
8	FI408	缺氧池出水流量计	正常值 3123m³/h
9	FI409	好氧池出水流量计	正常值 1041m³/h

序号	位号	名称	说明
10	FI410	好氧池至厌氧池内回流流量计	正常值 2082m³/h
11	FI411	二沉池 S428 进水流量	正常值 520m³/h
12	FI412	二沉池 S429 进水流量	正常值 520m³/h
13	FI413	二沉池 S428 出水流量	正常值 514m³/h
14	FI414	二沉池 S429 出水流量	正常值 514m³/h
15	FI415	二沉池 S428 出泥流量	正常值 6.87m³/h
16	FI416	二沉池 S429 出泥流量	正常值 6.87m³/h
17	FI417	污泥回流井出水流量计	正常值 14m³/h
18	FI418	清水池出水流量计	正常值 1028m³/h
19	FI419	污泥回流井至浓缩池流水流量计(剩余污泥)	正常值 6.87m³/h
20	FI420	回流污泥流量计	正常值 6.87m³/h
21	FI421	浓缩池出水流量计	间歇操作
22	FI422	浓缩池出泥流量计	间歇操作
23	FI424	脱水机房加药流量	正常值 0~1m³/d
24	LI401	粗格栅液位	单位为 m,正常值 0.5m
25	LI402	提升泵房液位	单位为 m,正常值 0.7m
26	LI403	沉砂池液位	单位为 m,正常值 1m
27	LI404	调节池液位	单位为 m,正常值 5m
28	LI405	初沉池水位	单位为 m,正常值 5m
29	LI406	厌氧池液位	单位为 m,正常值 5m
30	LI407	缺氧池液位	单位为 m,正常值 5m
31	LI408	好氧池液位	单位为 m,正常值 5m
32	LI409	配水井液位	单位为 m,正常值 5m
33	LI410	二沉池 S428 水位	单位为 m,正常值 5m
34	LI411	二沉池 S429 水位	单位为 m,正常值 5m
35	LI412	清水池水位	单位为 m,正常值 5m
36	LI413	污泥回流井液位	单位为 m,正常值 4m
37	LI414	浓缩水面液位	单位为 m,正常值 4m
38	AI4101	污水源 BOD 值	
39	AI4102	初沉池出口 BOD 值	
40	AI4104	好氧池出水 BOD 值	
41	AI4105	二沉池出水 BOD 值	
42	AI4201	污水源 COD 值	
43	AI4202	初沉池出口 COD 值	
44	AI4204	好氧池出水 COD 值	
45	AI4205	二沉池出水 COD 值	
46	AI4301	污水源 SS 值	
47	AI4302	初沉池出口 SS 值	
48	AI4304	好氧池出水 SS 值	

续表

序 号	位 号	名 称	说 明
49	AI4305	二沉池出水 SS 值	
50	AI4401	污水源 NH₃-N 值	
51	AI4402	初沉池出口 NH₃-N 值	
52	AI4404	好氧池出水 NH₃-N 值	
53	AI4405	二沉池出水 NH₃-N 值	
54	AI4701	污水源 P 值	
55	AI4702	初沉池出口 P 值	
56	AI4704	好氧池出水 P 值	
57	AI4705	二沉池出水 P 值	
58	AI4601	污水源 pH 值	
59	AI4603	调节池出水 pH 值	
60	AI4604	好氧池出水 pH 值	
61	AI4605	二沉池出水 pH 值	
62	AI401	好氧池 DO 值	正常值＞2mg/L,事故值 2.6mg/L
63	AI402	缺氧池 DO 值	正常值＜0.5mg/L,事故值 0.5mg/L
64	AI403	厌氧池 DO 值	正常值＜0.2mg/L,事故值 0.2mg/L
65	AI404	污泥 SV 值	正常值 15%～30%,事故值 80%
66	AI405	脱水机房泥饼含水率	正常值 80%～85%
67	AI406	污泥 SVI 值	正常值 80～100mL/g,事故值 200mL/g

主要泵类设备一览表

序 号	位 号	名 称	说 明
1	P401	泵房提升泵	为经粗格栅过滤的污水提供压力,使之进入沉砂池
2	P402	泵房提升泵(备用)	为经粗格栅过滤的污水提供压力,使之进入沉砂池
3	P403	调节池加药计量泵(加酸)	向调节池中加入酸液,以调节污水的 pH 值
4	P404	调节池加药计量泵(加碱)	向调节池中加入碱液,以调节污水的 pH 值
5	P405	内回流泵	使好氧池出水回流至厌氧池,形成内循环
6	P406	内回流泵(备用)	向溶气罐中补充循环清水
7	P407	污泥回流泵	为污泥回流井出泥提供动力使二沉池出泥部分回流至厌氧池,部分去浓缩池
8	P408	污泥回流泵	为污泥回流井出泥提供动力使二沉池出泥部分回流至厌氧池,部分去浓缩池
9	P409	污泥浓缩池污泥泵	为去脱水机房的污泥提供动力,使之到脱水机房
10	P410	污泥浓缩池污泥泵	为去脱水机房的污泥提供动力,使之到脱水机房
11	P411	脱水机房加药计量泵	向脱水机房加药,对污泥进行稳定化处理
12	P412	清水池加药计量泵	向清水池中加药,对清水进行排放前的最后处理

知识链接<<<←

A₂O单元工艺的一级处理包括格栅及提升泵房、沉砂池、调节池、初沉池;二级处理采用 A₂O 工艺。A₂O 工艺总貌图如图 4-1 所示。

待处理的污水首先进入粗格栅,粗格栅将污水中大块污物拦截下来,防止堵塞后续单元的机泵和工艺管道。经粗格栅处理的污水进入提升泵房,提升泵将进水提升至后续处理单元所要求的高度,使其实现重力自流,提升泵房出来的流水进入细格栅。

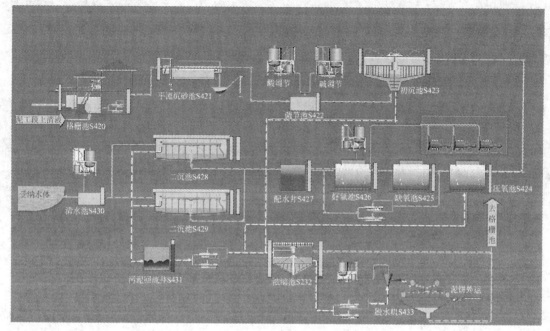

图 4-1 A₂O 工艺总貌图

流水由提升泵流经细格栅进入平流沉砂池，在平流沉砂池中，在重力的作用下，部分大颗粒的悬浮颗粒 SS 从污水中沉淀分离出来，沉砂池出水由重力自流进入调节池。

调节池的作用是用于调节水量和水质。调节池出水进入平流式初沉池。

来自沉砂池的污水进入初沉池，在初沉池中通过物理沉降，去除 40% 的 SS、25% 的 BOD_5 和 30% 的 COD_{Cr}。初沉池出水进入反应池进一步处理。

厌氧反应池中进行磷的释放使污水中 P 的浓度升高，溶解性有机物被细胞吸收而使污水中 BOD 浓度下降，另外 $NH_3\text{-}N$ 因细胞合成而被去除一部分。厌氧池氧气含量控制在 0.3mg/L 以下。

在缺氧反应池中，反硝化菌利用污水中的有机物作碳源，将回流混合液中带入的大量 $NO_3^-\text{-}N$ 和 $NO_2^-\text{-}N$ 还原为 N_2 释放至空气，因此 BOD_5 浓度继续下降，$NO_3^-\text{-}N$ 浓度大幅度下降，但磷的变化很小。

在好氧反应池中，有机物被微生物生化降解，其浓度继续下降；有机氮被氨化继而被硝化，使 $NH_3\text{-}N$ 浓度显著下降，$NO_3^-\text{-}N$ 浓度显著增加，而磷随着聚磷菌的过量摄取也以较快的速率下降。好氧池溶氧气含量控制在 2～3mg/L。

从曝气池出来的混合液分别在二沉池中进行泥水分离，上清液进入清水池消毒处理后，进入出水井排放；沉淀下来的污泥一部分经回流污泥井回流进行生化反应，剩余污泥则排到浓缩池进行浓缩处理。二沉池配水井和回流污泥井都起到来水（泥）的储存和缓冲的作用。

来自 A₂O 池的污泥在浓缩池中进行浓缩，剩余水经重力自流至粗格栅，污泥由提升泵送至脱水机房。

来自浓缩池的污泥在脱水机房中进行脱水、稳定处理和最终处置，滤饼排放，剩余水经重力自流至厂区污水管。

开车操作（二维码 m4-1）≪≪←—

（1）格栅池-提升泵房开车过程（见图 4-2）

① 半开格栅池入口阀门 V401，向格栅池进水。

② 控制格栅池进水流量为 $1042m^3/h$。

③ 进水稳定后，启动格栅 S401；或者，进水稳定后，启动格栅 S402。

④ 当格栅池栅后液位百分比达到 70% 左右时，启动提升泵 P401，向提升泵房进水；或者当格栅池栅后液位百分比达到 70% 左右时，启动提升泵 P402，向提升泵房进水。

（2）沉砂池开车过程（见图 4-2）

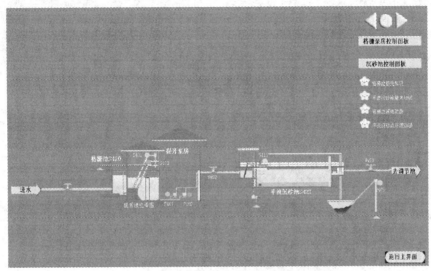

图 4-2　格栅池-提升泵房-沉砂池工艺图

① 待提升泵房液位接近 0.9m 时，半开提升泵房出水阀门 V402，向平流沉砂池进水；

② 待平流沉砂池中有 50% 以上的液位（大于 0.9m）后，启动平流沉砂池刮渣机 S415；

③ 启动平流沉砂池刮砂机；

④ 待平流沉砂池液位接近 1m 时，半开平流沉砂池出口阀门 V403；

⑤ 控制平流沉砂池出水流量等于粗格栅进水流量（$1042m^3/h$）。

（3）调节池开车过程（见图 4-3）

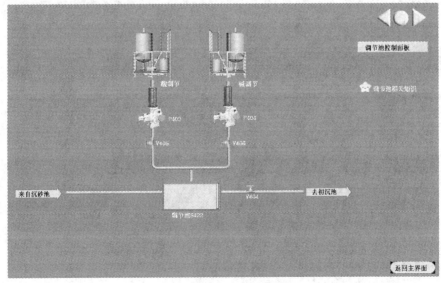

图 4-3　调节池工艺图

① 待调节池液位接近 50% 时，半开调节池出水阀门 V404，向初沉池进水；

② 控制调节池出水流量等于 1042m³/h。

（4）初沉池开车过程（见图 4-4）

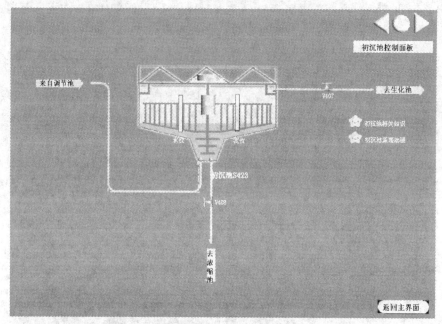

图 4-4　初沉池工艺图

① 待初沉池液位接近 50% 时，启动初沉池撇渣机；

② 待初沉池液位接近 50% 时，启动初沉池刮泥机；

③ 设置刮泥机行车速度 5m/min；

④ 半开初沉池出口阀门 V407，向生化池进水；

⑤ 控制初沉池出水流量等于 1042m³/h。

（5）厌氧池开车过程（见图 4-5）

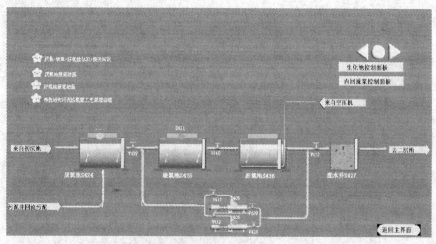

图 4-5　生化反应池工艺图

① 待厌氧池液位接近 50% 时，启动厌氧池搅拌器；

② 待厌氧池液位接近 50% 时，半开厌氧池出水阀门 V439，向缺氧池进水；

③ 控制厌氧池出水流量等于 1042m³/h。

（6）缺氧池开车过程（见图 4-5）

① 待缺氧池液位接近 50％时，启动缺氧池搅拌器；

② 待缺氧池液位接近 50％时，半开缺氧池出口阀门 V440，向好氧池进水；

③ 控制缺氧池出水流量等于 3126m³/h。

（7）好氧池开车过程（见图 4-5）

① 待好氧池液位接近 30％左右时，半开空压机 S407 的进口阀门 V444；

② 半开空压机 S407 出口阀门 V415；

③ 启动空压机 S407；

④ 投空压机 S407，转速中速；

⑤ 半开空压机 S408 入口进口阀门 V445；

⑥ 半开空压机出口阀门 V416；

⑦ 启动空压机 S408；

⑧ 投空压机 S408 转速为中速；

⑨ 待好氧池液位接近 50％左右时，打开好氧池出口去配水井的阀门 V413，向配水井进水；

⑩ 控制好氧池出水流量等于 1042m³/h；

⑪ 全开生化池回流泵 P405 前阀 V409；

⑫ 启动生化池回流泵 P405；

⑬ 半开生化池回流泵 P405 后阀 V411，或者全开生化池回流泵 P406 前阀 V410，或者启动生化池回流泵 P406，或者半开生化池回流泵 V412；

⑭ 控制混合液内回流流量等于 2084m³/h；

⑮ 待配水井液位接近 50％时，半开二沉池 S428 进口阀门 V418，向二沉池进水；

⑯ 控制二沉池 S428 进水流量等于 521m³/h；

⑰ 待配水井液位接近 50％时，半开二沉池 S429 进口阀门 V419，向二沉池进水；

⑱ 控制二沉池 S429 进水流量等于 521m³/h。

（8）二沉池开车过程（见图 4-6）

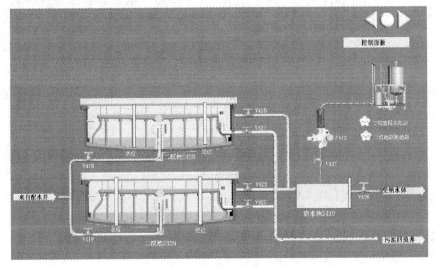

图 4-6　二沉池-清水池工艺图

① 待二沉池 S428 液位接近 50％时，启动二沉池刮泥机 S412；

② 待二沉池 S429 液位接近 50％时，启动二沉池刮泥机 S413；

③ 待二沉池 S429 液位接近 50％时，半开二沉池 S428 的出水阀门 V420，向清水池进水；

④ 控制二沉池 S428 水位百分比等于 70％；

⑤ 待二沉池 S429 液位接近 50％时，半开二沉池 S429 的出水阀门 V422，向清水池进水；

⑥ 控制二沉池 S429 水位百分比等于 70％；

⑦ 待二沉池 S428 有一定泥位时，半开二沉池出泥阀门 V421，向污泥回流井进泥；

⑧ 待二沉池 S429 有一定泥位时，半开二沉池出泥阀门 V423，向污泥回流井进泥。

（9）污泥回流井开车过程

① 半开污泥回流井去浓缩池阀门 V428。

② 半开污泥回流井去厌氧池阀门 V429。

③ 待污泥回流井有一定泥位时，全开污泥回流泵 P407 前阀 V424。

④ 启动污泥回流泵 P407。

⑤ 半开污泥回流泵 P407 后阀 V426；或者待污泥回流井有一定泥位时，全开污泥回流泵 P408 前阀 V425；或者启动污泥回流泵 P408；或者半开污泥回流泵 P408 后阀 V427。

（10）浓缩池开车过程（见图 4-7）

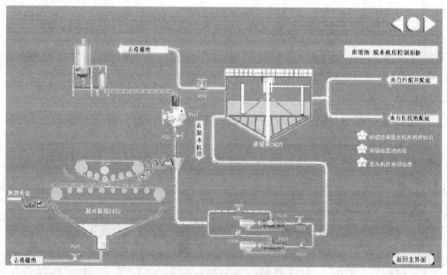

图 4-7　浓缩池和脱水机房工艺图

① 待污泥浓缩池有一定水位后，打开浓缩池至格栅池出口阀门 V430，向格栅池进水。

② 全开污泥泵 P409 前阀 V431。

③ 启动污泥泵 P409，向脱水机房进泥。

④ 半开污泥泵 P409 后阀 V432；或者全开污泥泵 P410 前阀 V433；或者启动污泥泵 P410，向脱水机房进泥；或者半开污泥泵 P410 后阀 V434。

（11）脱水机房开车过程（见图 4-7）

① 半开脱水机房加药泵出药阀门 V438；

② 启动脱水机房加药泵 P411，向脱水机加药；

③ 启动脱水机房污泥脱水机 S414；

④ 半开污泥脱水机房出水阀门 V435，向格栅池通处理后回水。

停车操作（二维码 m4-2）<<<←—

（1）全开清水池出水阀门 V436；

（2）如果提升泵 P401 处于运行状态，停运提升泵 P401；

（3）如果提升泵 P402 处于运行状态，停运提升泵 P402；

（4）关闭格栅池进水阀门 V401；

（5）如果粗格栅 S401 处于运行状态，停运粗格栅 S401；

（6）如果粗格栅 S402 处于运行状态，停运粗格栅 S402；

（7）如果生化池内回流泵 P405 处于运行状态，停运生化池内回流泵 P405；

（8）如果生化池内回流泵 P406 处于运行状态，停运生化池内回流泵 P406；

（9）停运平流沉砂池刮砂机 S415；

（10）停运平流沉砂池刮泥机 S403；

（11）停运初沉池刮砂机 S416；

（12）停运初沉池刮泥机 S404；

（13）关闭好氧池至配水井出口阀门 V413；

（14）如果污泥回流泵 P407 处于运行状态，停运污泥回流泵 P407；

（15）如果污泥回流泵 P408 处于运行状态，停运污泥回流泵 P408；

（16）关闭 S428 出泥阀门 V421；

（17）关闭 S428 出泥阀门 V423；

（18）关闭二沉池 S428 刮泥机 S412；

（19）关闭二沉池 S429 刮泥机 S412；

（20）停运清水池加药泵 P412；

（21）如果污泥泵 P409 处于运行状态，停运污泥泵 P409；

（22）如果污泥泵 P410 处于运行状态，停运污泥泵 P410；

（23）停运脱水机房脱水机 S414；

（24）停运脱水机房加药泵 P411；

（25）关闭初沉池去浓缩池阀门 V408；

（26）关闭脱水机房至格栅池出口阀门 V435。

子情境二　初沉池排泥撇渣

任务描述<<<←—

任务目标	知识目标 (1)理解初沉池的原理 (2)理解初沉池的构筑物的类型、构造及工作过程等 能力目标 能够进行初沉池处理操作 素质目标 具备一定的自学、计算机应用、沟通合作的能力			
技能任务	发现 故障	基本操作	处理 故障	基本操作
		维护巡视		安全事项
探索任务	初沉池可能存在其他故障问题			

情境导入 <<<——

在工艺正常运行期间，对系统中的初沉池进行排泥撇渣操作。

处理方法（二维码 m4-3）<<<——

(1) 进入初沉池控制面板，打开刮泥机 S404 电源；

(2) 单击初沉池刮泥机 S404 运行按钮，启动刮泥机；

(3) 单击刮泥机 S404 的行车速度界面，控制刮泥机行车速度在 5m/min 以内；

(4) 打开初沉池排泥阀门 V408，开度 50 左右；

(5) 进入初沉池控制面板，打开撇渣机 S416 电源；

(6) 单击撇渣机 S416 运行按钮，启动撇渣机。

子情境三　内回流的调节

任务描述 <<<——

任务目标	知识目标 (1)理解内回流的原理 (2)理解内回流的构筑物的类型、构造及工作过程等 能力目标 能够进行内回流处理操作 素质目标 具备一定的自学、计算机应用、沟通合作的能力			
技能任务	发现 故障	基本操作	处理 故障	基本操作
		维护巡视		安全事项
探索任务	内回流可能存在其他故障问题			

情境导入 <<<——

在工艺正常运行期间，由好氧池到缺氧池的回流量需要调节，使回流量达到设计要求。

处理方法（二维码 m4-4）<<<——

(1) 打开好氧池备用回流泵 P406 进水阀门 V410，开度 100；

(2) 进入内回流控制面板，打开好氧池备用回流泵 P406 电源；

(3) 单击回流泵 P406 运行按钮，启动回流泵 P406；

(4) 打开回流泵 P406 出水阀门 V412，调节阀门开度，使回流量达到 2083m³/h。

子情境四　调节来水 pH 值

任务描述 <<<——

任务目标	知识目标 (1)理解调节来水 pH 值的原理 (2)理解调节来水 pH 值的构筑物的类型、构造及工作过程等 能力目标 能够进行调节来水 pH 值处理操作 素质目标 具备一定的自学、计算机应用、沟通合作的能力			
技能任务	发现 故障	基本操作	处理 故障	基本操作
		维护巡视		安全事项
探索任务	调节来水 pH 值可能存在其他故障问题			

情境导入 <<<——

在工艺正常运行期间，来水 pH 值偏低。

处理方法（二维码 m4-5） <<<——

（1）进入调节池控制面板，打开碱调节泵 P404 电源。

（2）单击碱调节泵 P404 运行按钮，启动泵 P404。

（3）打开碱调节进药阀门 V406，向调节池中添加碱液。

（4）当调节池中 pH 值在 6～9 之间时，将碱调节的加药阀门开度调到 8.5 左右，使调节池内 pH 值稳定。

（5）调节池 pH 值显示在 6～9 之间。

子情境五　二沉池运行管理

任务描述 <<<——

任务目标	知识目标 (1)理解二沉池的原理 (2)理解二沉池的构筑物的类型、构造及工作过程等 能力目标 能够进行二沉池处理操作 素质目标 具备一定的自学、计算机应用、沟通合作的能力			
技能任务	发现 故障	基本操作	处理 故障	基本操作
		维护巡视		安全事项
探索任务	二沉池可能存在其他故障问题			

情境导入 <<<——

在工艺正常运行期间，对二沉池的运行进行管理。

处理方法（二维码 m4-6） <<<——

（1）观察两个二沉池是否均匀配水，若没有，则调节进水阀门开度，使配水均匀；

（2）进入二沉池控制面板，观察刮泥机 S412 是否正常运行，若没有，则运行刮泥机；

（3）进入二沉池控制面板，观察刮泥机 S413 是否正常运行，若没有，则运行刮泥机；

（4）开大二沉池 S428 排泥阀门 V421 开度，开度大于 50；

（5）开大二沉池 S429 排泥阀门 V423 开度，开度大于 50；

（6）在二沉池仿真界面上，单击思考题 1 按钮；

（7）单击"检查出水堰口"按钮，进入二沉池现场图片，观察图片，确认堰口清洁，出水均匀；

（8）在二沉池仿真界面上，单击思考题 2 按钮；

（9）通过计算得到的 R 值，调节污泥回流井回流污泥量；

（10）在二沉池仿真界面上，单击思考题 3 按钮；

（11）单击"选择取样位置"按钮，出现三个闪烁的取样位置，单击选择正确的取样位置。

子情境六　来水 SS 增高应急处理

任务描述 <<<—

任务目标	知识目标 (1)理解来水 SS 增高的原理 (2)理解来水 SS 增高的构筑物的类型、构造及工作过程等 能力目标 能够进行来水 SS 增高处理操作 素质目标 具备一定的自学、计算机应用、沟通合作的能力			
技能任务	发现 故障	基本操作	处理 故障	基本操作
		维护巡视		安全事项
探索任务	来水 SS 增高可能存在其他故障问题			

情境导入 <<<—

在工艺正常运行期间，初沉池进水 SS 含量偏大，初沉池出水不达标。

处理方法（二维码 m4-7）<<<—

(1) 减小初沉池进水阀门 V404 开度，开度小于 30，延长初沉池停留时间；

(2) 加大初沉池排泥阀们 V408 开度，开度大于 92，增加排泥量；

(3) 观察初沉池出水 SS 值，达到正常值 100mg/L 以下。

子情境七　反应池曝气量调节

任务描述 <<<—

任务目标	知识目标 (1)理解反应池曝气量调节的原理 (2)理解反应池曝气量调节的构筑物的类型、构造及工作过程等 能力目标 能够进行反应池曝气量调节处理操作 素质目标 具备一定的自学、计算机应用、沟通合作的能力			
技能任务	发现 故障	基本操作	处理 故障	基本操作
		维护巡视		安全事项
探索任务	反应池曝气量调节可能存在其他故障问题			

情境导入 <<<—

在工艺正常运行期间，用三种方式调节好氧池中的曝气量，使各生化池的溶解氧符合设计要求。

处理方法 <<<—

(1) 打开鼓风机 S407、S408 的旁通阀门，减小曝气量，使溶解氧降低；或进入生化池控制面板，降低鼓风机 S407、S408 的转速，减小曝气量，使溶解氧降低；或进入生化池控制面板，关闭 S407 或 S408 电源，减少鼓风机 S407~S409 的运行台数，减小曝气量，使溶解氧降低。

(2) 缺氧池溶解氧下降至 0.5mg/L 左右。

(3) 好氧池溶解氧下降至 2mg/L 左右。

子情境八 出水 NH₃-N 超标

任务描述 <<<——

任务目标	知识目标 (1)理解出水 NH₃-N 超标的原理 (2)理解出水 NH₃-N 超标的构筑物的类型、构造及工作过程等 能力目标 能够进行出水 NH₃-N 超标调节处理操作 素质目标 具备一定的自学、计算机应用、沟通合作的能力			
技能任务	发现 故障	基本操作 维护巡视	处理 故障	基本操作 安全事项
探索任务	出水 NH₃-N 超标调节可能存在其他故障问题			

情境导入 <<<——

在工艺正常运行期间，出水指标中发现 NH₃-N 含量超标，请利用内回流系统对运行进行调节，使出水 NH₃-N 达标。

处理方法（二维码 m4-8）<<<——

(1) 确认内回流备用泵 P406 出水阀门 V412 关闭；

(2) 打开回流备用泵 P406 的进水阀门 V410，开度 100；

(3) 进入内回流泵控制面板，单击备用污泥泵 P406 电源；

(4) 进入内回流泵控制面板，单击备用污泥泵 P406 运行按钮，启动泵 P406；

(5) 打开备用回流泵 P406 出水阀门 V412，调节阀门开度使出水 NH₃-N 在 3.75mg/L 以下；

(6) 观察内回流量增加后出水 NH₃-N 变化，直至达标。

子情境九 出水磷超标

任务描述 <<<——

任务目标	知识目标 (1)理解出水磷超标的原理 (2)理解出水磷超标的构筑物的类型、构造及工作过程等 能力目标 能够进行出水磷超标调节处理操作 素质目标 具备一定的自学、计算机应用、沟通合作的能力			
技能任务	发现 故障	基本操作 维护巡视	处理 故障	基本操作 安全事项
探索任务	出水磷超标调节可能存在其他故障问题			

情境导入◀◀◀◀—

在工艺正常运行期间，出水指标中发现 TP 含量超标，请利用外回流系统对运行进行调节，使出水 TP 达标。

处理方法（二维码 m4-9)◀◀◀◀—

(1) 确认污泥回流备用泵 P408 出水阀门 V427 关闭；

(2) 打开回流备用泵 P408 的进水阀门 V425，开度 100；

(3) 进入污泥泵控制面板，单击备用污泥泵 P408 电源；

(4) 进入污泥泵控制面板，单击备用污泥泵 P408 运行按钮，启动泵 P408；

(5) 打开备用回流泵 P408 出水阀门 V427，调节开度直至出水磷达标；

(6) 观察污泥回流量增加后出水磷变化，直至达标。

子情境十　污泥丝状菌膨胀

任务描述◀◀◀◀—

任务目标	知识目标 (1)理解污泥丝状菌膨胀的原理 (2)理解污泥丝状菌膨胀的构筑物的类型、构造及工作过程等 能力目标 能够进行污泥丝状菌膨胀调节处理操作 素质目标 具备一定的自学、计算机应用、沟通合作的能力			
技能任务	发现 故障	基本操作	处理 故障	基本操作
		维护巡视		安全事项
探索任务	污泥丝状菌膨胀调节可能存在其他故障问题			

情境导入◀◀◀◀—

在工艺正常运行期间，进入曝气池在线 DO 仪值下降，SVI 和 SV 偏高，认为污泥膨胀。情况属于丝状菌膨胀。请在曝气池和二沉池中有效地调整控制污泥膨胀问题。

处理方法（二维码 m4-10)◀◀◀◀—

(1) 在生化池仿真界面，单击步骤 1，单击"检查镜检照片"按钮，回答弹出框中的问题；

(2) 在生化池仿真见面，单击步骤 2，单击"查找膨胀原因"按钮，在弹出的试题框中选择正确答案；

(3) 设置风机 S407、S408 的旁通阀门 V415、V416 关闭；

(4) 设置风机 S407、S408 的空气管阀门开度最大；

(5) 打开备用风机进气阀门 V446，开度 50 左右；

(6) 进入生化池控制面板，启动备用风机 S409；

(7) 调节备用鼓风机 S409 风速，使好氧池 DO 值在 2.0mg/L 以上；

(8) 开大二沉池 S428 排泥阀门 V421 开度，开度大于 70，增大剩余污泥排放量；

(9) 开大二沉池 S429 排泥阀门 V423 开度，开度大于 70，增大剩余污泥排放量；

(10) 通过调节控制曝气池 SV 值在 30% 以下；

（11）通过调节控制曝气池 SVI 值在 150 以下。

子情境十一　初级工巡视

情境导入 <<<——

各项指标均符合标准，过程稳定。重在监控，基本不需要进行操作，巡视整个工艺后将结果填入巡视记录表中。

（1）选择巡视间隔时间 2h。

（2）巡视记录表：

巡查时间间隔选择	格栅提升泵房		平流式沉砂池		调节池		辐流式初沉池	厌氧池	缺氧池	好氧池	污泥回流井	辐流式二沉池	污泥浓缩池	污泥脱水	
	格栅运行状况	格栅前后液位差	刮砂机运行状况	刮渣机运行状况	调节池液位	加药剂量泵的运行状态	刮泥机运转情况	搅拌机运行状况	搅拌机运行状况	混合液回流泵运行状况	污泥泵运行状况	刮泥机运行状况	污泥泵运行状况	加药计量泵运行状况	带式压滤机的运行状况

处理方法 <<<——

（1）巡视时间间隔 2h。

（2）粗格栅运行情况：单击控制面板，观察面板上的指示灯情况，红色、黄色、绿色三种颜色的灯。

（3）格栅前后液位差：进入格栅仿真界面，观察界面上的格栅液位差数据，例如 0～18mm 之间的任意数据。

（4）平流沉砂池刮砂机运行状况：在格栅仿真界面，单击沉砂池控制面板，观察刮砂机面板上的指示灯情况，红色、黄色、绿色三种颜色的灯。

（5）平流沉砂池刮渣机运行状况：在格栅仿真界面，单击沉砂池控制面板，观察刮渣机面板上的指示灯情况，红色、黄色、绿色三种颜色灯。

（6）调节池液位：进入调节池仿真界面，观察界面上的调节池液位数据，例如 0～5m 之间的任意数据。

（7）调节池加药计量泵运行状况：进入调节池仿真界面，单击调节池控制面板，观察面板上的指示灯情况，红色、黄色、绿色三种颜色的灯。

（8）辐流式初沉池刮泥机运行状况：进入初沉池仿真界面，单击初沉池控制面板，观察面板上的指示灯情况，红色、黄色、绿色三种颜色的灯。

（9）厌氧池搅拌器：进入生化池仿真界面，单击生化池控制面板，观察面板上的指示灯情况，红色、黄色、绿色三种颜色的灯。

（10）缺氧池搅拌器：进入生化池仿真界面，单击生化池控制面板，观察面板上的指示灯情况，红色、黄色、绿色三种颜色的灯。

（11）好氧池混合液回流泵：进入生化池仿真界面，单击内回流控制面板，观察面板上的指示灯情况，红色、黄色、绿色三种颜色的灯。

（12）污泥回流井的污泥泵运行状况：进入污泥回流井仿真界面，单击污泥泵控制面板，观察面板上的指示灯情况，红色、黄色、绿色三种颜色的灯。

（13）二沉池刮泥机运行状况：进入二沉池仿真界面，单击控制面板，观察面板上的指示灯情况，红色、黄色、绿色三种颜色的灯。

（14）污泥浓缩池污泥泵运行状况：进入浓缩池仿真界面，单击浓缩池控制面板，观察面板上的指示灯情况，红色、黄色、绿色三种颜色的灯。

（15）脱水机房加药计量泵运行情况：单击浓缩池控制面板，单击浓缩池控制面板，观察面板上的指示灯情况，红色、黄色、绿色三种颜色的灯。

（16）脱水机房压滤机运行情况：单击浓缩池控制面板，单击浓缩池控制面板，观察面板上的指示灯情况，红色、黄色、绿色三种颜色的灯。

子情境十二　中级工巡视

情境导入 <<<—

各项指标均符合标准，过程稳定。重在监控，基本不需要进行操作，巡视整个工艺后将结果填入巡视记录表中。

（1）选择巡视间隔时间 2h。

（2）巡视记录表：

巡查时间间隔选择	格栅提升泵房		平流式沉砂池		调节池		辐流式初沉池	厌氧池	缺氧池	好氧池			污泥回流井	辐流式二沉池				污泥浓缩池	污泥脱水	
	格栅运行	格栅前后液位差/m	刮渣机运行	刮砂机运行	调节池液位/m	调节池出水pH	刮泥机运转情况	DO/(mg/L)	DO/(mg/L)	SV/(mg/L)	DO/(mg/L)	混合液回流量/(m³/d)	回流污泥量/(m³/h)	出水SS/(mg/L)	出水NH_3-N/(mg/L)	出水TP/(mg/L)	出水COD/(mg/L)	污泥回流量/(m³/h)	加药计量流量/(m³/d)	泥饼含水率/%

处理方法 <<<—

（1）巡视时间间隔2h。

（2）粗格栅运行情况：单击控制面板，观察面板上的指示灯情况，红色、黄色、绿色三种颜色的灯。

（3）格栅前后液位差：进入格栅仿真界面，观察界面上的格栅液位差数据，例如0～18mm之间的任意数据。

（4）平流沉砂池刮砂机运行状况：在格栅仿真界面，单击沉砂池控制面板，观察刮砂机面板上的指示灯情况，红色、黄色、绿色三种颜色的灯。

（5）平流沉砂池刮渣机运行状况：在格栅仿真界面，单击沉砂池控制面板，观察刮渣机面板上的指示灯情况，红色、黄色、绿色三种颜色的灯。

（6）调节池液位：进入调节池仿真界面，观察界面上的调节池液位数据，例如 $0\sim5m$ 之间的任意数据。

（7）调节池出水 pH：进入调节池仿真界面，观察界面上的调节池出水 pH 数据，例如 $0\sim14$ 之间的任意数据。

（8）辐流式初沉池刮泥机运行状况：进入初沉池仿真界面，单击初沉池控制面板，观察面板上的指示灯情况，红色、黄色、绿色三种颜色的灯。

（9）厌氧池 DO：进入生化池仿真界面，观察界面上的厌氧池 DO 值数据，例如 $0\sim0.2mg/L$ 之间的任意数据。

（10）缺氧池 DO：进入生化池仿真界面，观察界面上的缺氧池 DO 值数据，例如 $0\sim0.5mg/L$ 之间的任意数据。

（11）好氧池 DO：进入生化池仿真界面，观察界面上的好氧池 DO 值数据，例如 $0\sim2mg/L$ 之间的任意数据。

（12）好氧池 SV：进入生化池仿真界面，观察界面上的好氧池 SV 值数据，例如 $0\sim100\%$ 之间的任意数据。

（13）好氧池混合液回流量：进入生化池仿真界面，观察界面上的好氧池混合液回流量，例如 $0\sim3000m^3/h$ 之间的任意数据。

（14）污泥回流井的回流污泥量：进入污泥回流井仿真界面，观察界面上的污泥回流量数据，例如 $0\sim3000m^3/h$ 之间的任意数据。

（15）二沉池出水 SS：进入二沉池仿真界面，观察界面上的二沉池出水 SS 值数据，例如 $0\sim200mg/L$ 之间的任意数据。

（16）二沉池出水 NH_3-N：进入二沉池仿真界面，观察界面上的二沉池出水 NH_3-N 值数据，例如 $0\sim200mg/L$ 之间的任意数据。

（17）二沉池出水 TP：进入二沉池仿真界面，观察界面上的二沉池出水 TP 值数据，例如 $0\sim200mg/L$ 之间的任意数据。

（18）二沉池出水 COD：进入二沉池仿真界面，观察界面上的二沉池出水 COD 值数据，例如 $0\sim200mg/L$ 之间的任意数据。

（19）污泥浓缩池污泥泵运行状况：进入浓缩池仿真界面，单击浓缩池控制面板，观察面板上的指示灯情况，红色、黄色、绿色三种颜色的灯。

（20）脱水机房加药流量：进入浓缩池仿真界面，观察界面上的加药流量数据，例如 $0\sim20m^3/h$ 之间的任意数据。

（21）脱水机房泥饼含水率：进入浓缩池仿真界面，观察界面上的泥饼含水率数据，例如 $0\sim100\%$ 之间的任意数据。

UASB 工艺运行监测

情境分析◄◄◄────

上流式厌氧污泥床反应器（UASB）在运行过程中，废水以一定的流速自反应器的底部进入反应器，水流在反应器中的上升流速一般为 $0.5\sim1.5\mathrm{m/h}$，多宜在 $0.6\sim0.9$ 之间。水流依次流经污泥床，污泥悬浮层至三相分离器及沉淀区。UASB 反应器中的水流呈推流形式，进水与污泥床及污泥悬浮层中的微生物充分混合接触并进行厌氧分解。厌氧分解过程中产生的沼气在上升过程中将污泥颗粒托起。由于大量气泡的产生，即使在较低的有机负荷和水力负荷的条件下也能看到污泥床明显的膨胀。随着反应器产气量的不断增加，由气泡上升所产生的搅拌作用，从而降低了污泥中夹带气泡的阻力，气体便从污泥床内突发性地逸出，引起污泥床表面呈沸腾和流化状态。反应器中沉淀性能良好的颗粒状污泥则处于反应器的下部形成高质量浓度的污泥床。随着水流的上升流动，气、水、泥三相混合液（消化液）上升至三相分离器中，气体遇到反射板或挡板后折向集气室而被有效地分离排出。污泥和水进入上部的静止沉淀区，在重力作用下泥水分离。由于三相分离器的作用，使得反应器混合液中的污泥有一个良好的沉淀、分离和絮凝的环境，有利于提高污泥的沉降性能。

反应器中存在高质量浓度的颗粒状形式的高活性污泥。这种活性污泥是在一定的运行条件下，通过严格控制反应器的水力学特性以及有机污染物负荷，经过一段时间的培养而形成的。

子情境一　UASB 工艺运行

任务描述◄◄◄────

任务目标	知识目标 (1)理解 UASB 工艺的原理 (2)理解 UASB 工艺的构筑物的类型、构造及工作过程等 能力目标 能够进行 UASB 工艺的开车、停车操作 素质目标 具备一定的自学、计算机应用、沟通合作的能力			
技能任务	开车	基本操作	停车	基本操作
		维护巡视		安全事项
探索任务	UASB 工艺存在问题			

情境导入<<<——

某污水处理厂污水水质，污水处理量为6000m³/d。

水质指标	COD$_{Cr}$	BOD$_5$	悬浮物（SS）	氨氮（以N计）	动植物油	pH
浓度/(mg/L)	300~500	100~150	500~1200	25	9	6.2~6.7

处理厂出水水质达到国家二级排放标准（GB 18918—2002）

水质指标	COD$_{Cr}$	BOD$_5$	悬浮物（SS）	氨氮（以N计）	动植物油	pH
浓度/(mg/L)	100	30	30	25(30)	5	6~9

工艺水质参数

水质参数	BOD/(mg/L)	COD/(mg/L)	SS/(mg/L)	NH$_3$-N/(mg/L)	P/(mg/L)	pH
源污水	160	400	125	28	5	6~9
初沉池出水	120	280	75	25	5	6~9
生化池出水	14.4	39	75	3.75	1	6~9
二沉池出水	14.4	39	12	3.75	1	6~9
达标水水质要求	20	60	20	8(15)	1	6~9

主要设备一览表（设备作用正常值范围）

序号	位号	名称	说明
1	S501	回转式粗格栅	去除污水大颗粒杂质
2	S502	回转式细格栅	去除污水较小颗粒杂质
3	S503A/B/C/D	SBR池	去除有机物，净化水质
4	S504	初沉池	去除固体悬浮物
5	S506	沉砂池	去除较小的砂粒
6	S507	污泥浓缩池	对回流井沉积的污泥进行浓缩
7	S509	污泥脱水机房	对污泥进行脱水处理
8	D510	事故池	对来水起分流的作用
9	S511A/B	UASB反应器	去除有机物，净化水质
10	S512	调节池	调整pH值
11	D501	配水井1	暂存缓冲
12	D502	配水井2	暂存缓冲
13	D503	集水井	暂存缓冲
14	D504	冲洗池	暂存缓冲
15	D505	消毒池	消毒出水

主要显示仪表一览表（仪表测量位置，例如测量何地的pH，正常值单位、范围）

序号	位号	名称	说明
1	FI501	污水来源流量计	正常值5000m³/d
2	FI502A	沉砂池入口流量计	正常值5000m³/d
3	FI502B	事故池入口流量计	正常值5000m³/d
4	FI503	沉砂池出口流量计（调节池进水流量计）	正常值5000m³/d
5	FI504	调节池出水流量计	正常值5000m³/d
6	FI505	初沉池出水流量计（氧化沟进水流量计）	正常值5000m³/d
7	FI507A/B/C	SBR池入水流量计	正常值5000m³/d
8	FI508A/B/C	SBR池出水流量计	正常值5000m³/d
9	FI509A/B/C	SBR池排泥流量计	间歇操作，最大3000m³/d
10	FI510	浓缩池进泥流量	间歇操作，最大10000m³/d
11	FI514	集水井入口流量计	间歇操作，最大10000m³/d
12	FI515	集水井出口流量计	间歇操作，最大10000m³/d
13	FI520	出水井出口流量计	间歇操作，最大10000m³/d

序号	位号	名称	说明
14	LI501A	粗格栅液位	单位为m,设计最大为10m,实际最大7m
15	LI501C	粗格栅液位差	单位为m
16	LI504A	调节池液位	单位为m,设计最大为4m,实际最大4m
17	LI505A	初沉池液位	单位为m,设计最大为4m,实际最大4m
18	LI505B	初沉池泥	单位为m,设计最大为4m,实际最大4m
19	LI507A/B/C	SBR池水面位	单位为m,设计最大为4m,实际最大4m
20	LI503/B/C	SBR池泥面位	单位为m,设计最大为4m,实际最大4m
21	LI510	浓缩池液位	单位为m,设计最大为4m,实际最大4m
22	LI515	集水井水位	单位为m,设计最大为4m,实际最大4m
23	LI516	消毒池水位	单位为m,设计最大为4m,实际最大4m
24	A5101	污水源 BOD 值	正常值170mg/L,暂无相关事故值
25	A5501	初沉池出口 BOD 值	正常值50mg/L,暂无相关事故值
26	A5706	SBR 出口 BOD 值	正常值15mg/L,暂无相关事故值
27	A5102	污水源 COD 值	正常值300mg/L,事故值680mg/L
28	A5502	初沉池出口 COD 值	正常值245mg/L,暂无相关事故值
29	A5702	SBR 出口 COD 值	正常值49~70mg/L,事故值>75mg/L
30	A5109	污水源固体悬浮值	正常值200mg/L,事故值300mg/L
31	A5509	初沉池固体悬浮值	正常值120mg/L,事故值180mg/L
32	A5709	SBR 固体悬浮值	正常值120mg/L,事故值180mg/L
33	A5A09	出水井固体悬浮值	正常值30mg/L,事故值≥40mg/L
34	A5104	污水源 NH_3-N 值	正常值30mg/L,暂无事故值
35	A5504	初沉池 NH_3-N 值	正常值30mg/L,暂无事故值
36	A5A04	消毒池出水 NH_3-N 值	正常值3~6mg/L,暂无事故值
37	A5105	污水源 pH 值	7
38	PI5501A	1 号鼓风机电压	380V
39	PI5501B	2 号鼓风机电压	380V
40	PI5501C	3 号鼓风机电压	380V
41	II5501A	1 号鼓风机电流	185A
42	II5501B	2 号鼓风机电流	185A
43	II5501C	3 号鼓风机电流	185A

主要泵类设备一览表

序号	位号	名称	说明
1	P501C/D	泵房提升泵两个	为经粗格栅过滤的污水提供压力,使之进入沉砂池
2	P511A/B	污泥浓缩池污泥泵	为去脱水机房的污泥提供动力,使之到脱水机房
3	P510A/B	SBR 池污泥泵	为去浓缩池的污泥提供动力,使之到脱水机房
4	P503	吸式排砂机	沉砂池刮渣机
5	P505	初沉池周边转动刮泥机	清除初沉池累计的污泥
6	P513	浓缩池刮泥机	清除浓缩池累计的污泥

知识链接<<<←

UASB 具有运行费用低、投资省、效果好、耐冲击负荷、适应 pH 和温度变化、结构简单及便于操作等优点,应用日益广泛。UASB 反应器的特色主要体现在反应器内颗粒污泥的形成,使反应器内的污泥浓度大幅度提高,水力停留时间因此大大缩短,加上 UASB 内设三相分离器而省去了沉淀池,又不需搅拌和填料,从而使结构也趋于简单。UASB 工艺(见图 5-1)适用于高浓度有机污染物废水处理。

一级处理包括格栅及提升泵房、沉砂池、调节池和初沉池;二级处理采用 UASB 升流

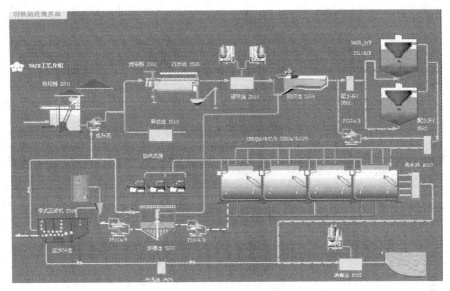

图 5-1　UASB工艺流程图

式厌氧污泥床和 SBR 工艺。

原水首先通过粗格栅及提升泵房、事故池、细格栅及沉砂池、调节池、初沉池，去除活性污泥法无法去除的固体悬浮物，并调整 pH 值在适合活性污泥生化反应的范围内。

原污水流入到间歇式曝气池，按时间顺序依次进行进水→反应→沉淀→出水→待机（闲置）等五个基本过程，然后周而复始反复进行。排出失活污泥，使系统通过排泥维持系统的稳定运行。泥龄参数是排泥是否正常的重要指标。对污泥进行浓缩、脱水、稳定处理和最终处置以达到减量化、稳定化、无害化以及资源化的目的。

开车操作◀◀◀──

（1）开工前的准备工作及全面大检查

开工前全面大检查、处理完毕，设备处于良好的备用状态。

（2）粗格栅和提升泵房岗位（见图 5-2）

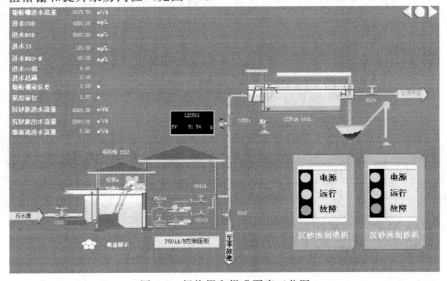

图 5-2　粗格栅和提升泵房工艺图

① 打开粗格栅入口现场阀；

② 启动粗格栅；

③ 启动潜水泵；

④ 开潜水泵后止回阀。

（3）细格栅和平流沉砂池岗位（见图5-3）

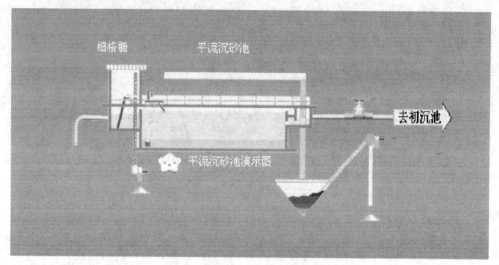

图 5-3　细格栅和平流沉砂池工艺图

① 打开平流沉砂池刮渣机电源，启动刮渣机；

② 开平流沉砂池出口闸阀。

（4）初沉池岗位（见图5-4）

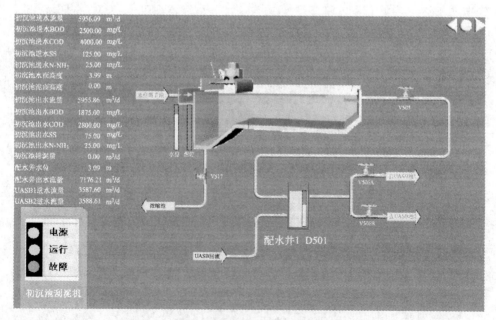

图 5-4　平流式初沉池工艺图

① 打开初沉池刮泥机电源，启动刮泥机；

② 开初沉池出口排水闸阀；

③ 当初沉池中污泥积累到一定高度时，打开初沉池出口排泥闸阀，排泥入浓缩池。

（5）调节池岗位（见图5-5）

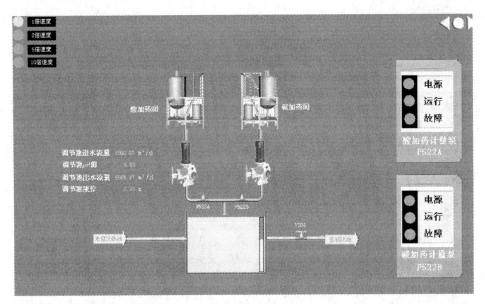

图5-5 调节池工艺图

用于调节水量和水质。

（6）UASB反应器岗位

① 原污水流入到UASB反应器。

② 进入三相分离器将气、固、液三相进行分离。气室的功能是收集产生的沼气。处理水排水系统功能是将沉淀区水面上的处理水，均匀地加以收集，并将其排出反应器。

（7）SBR池岗位（见图5-6）

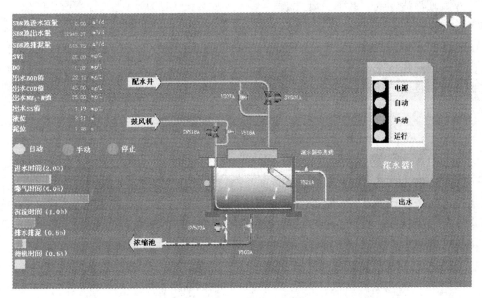

图5-6 SBR池工艺图

① 原污水流入到间歇式曝气池。

② 按时间顺序依次进行进水→反应→沉淀→出水→待机（闲置）等五个基本过程，周而复始反复进行。

（8）浓缩池岗位（见图 5-7）

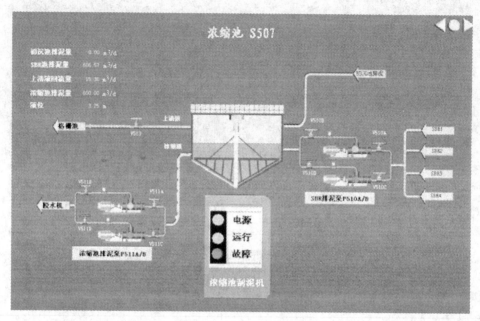

图 5-7 浓缩池工艺图

① 启动浓缩池刮泥机；

② 开浓缩池后提升泵前阀；

③ 启动浓缩池后提升泵；

④ 开浓缩池后提升泵后截止阀，输送污泥入脱水机房；

⑤ 开浓缩池后闸阀，排水入粗格栅。

（9）脱水机房

① 启动脱水机房加药计量泵；

② 启动脱水机房离心脱水机；

③ 开脱水机房后闸阀，排水入粗格栅。

停车操作 <<←—

（1）停车过程 1：停格栅和沉砂池

① 关闭格栅入口阀门 V501；

② 关闭格栅 A；

③ 将泵房出口液位控制器 LIC501 设置手动状态；

④ 将泵房出口液位控制器 LIC501 开度开大，保证格栅中水持续流通；

⑤ 液位低于 10% 时，关闭提升泵 A 出水阀 V501B；

⑥ 液位低于 10% 时，关闭提升泵 A；

⑦ 液位低于 10% 时，关闭提升泵 A 进水阀 V501A；

⑧ 液位低于 10% 时，关闭液位控制器 LIC501；

⑨ 沉砂池出水流量低于 1000m³/d，关闭沉砂池刮渣机；

⑩ 沉砂池出水流量低于 1000m³/d，关闭沉砂池刮砂机；

⑪ 沉砂池出水流量低于 1000m³/d，关闭沉砂池出水阀门 V503。

（2）停车过程 2：调节池、初沉池和 UASB 反应池停车过程

① 调节池出水流量低于 1000m³/d，关闭调节池出水阀门 V504；

② 初沉池出水流量低于 1000m³/d，关闭初沉池出水阀门 V505；

③ 初沉池出水流量低于 1000m³/d，打开初沉池排泥阀门 V517；

④ 初沉池出水流量低于 1000m³/d，关闭初沉池刮泥机；

⑤ 配水井 1 D501 出水流量低于 1000m³/d，关闭 UASB1 进水阀门 V506A；

⑥ 配水井 1 D501 出水流量低于 1000m³/d，关闭 UASB2 进水阀门 V506B；

⑦ 关闭配水井 D502 的回流泵出口阀 V531B；

⑧ 关闭配水井 D502 的回流泵；

⑨ 关闭配水井 D502 的回流泵进水阀 V531A；

⑩ 关闭 UASB1 的出水阀 V530A；

⑪ 关闭 UASB1 的排气阀 V532A；

⑫ 关闭 UASB1 的排气阀 V532C；

⑬ 关闭 UASB1 的出水阀 V530A；

⑭ 关闭 UASB2 的出水阀 V530B。

（3）停车过程 3：SBR 池停车操作

① 单击 SBR 池 1 停止按钮，SBR 池 1 停车；

② SBR 池 1 的滗水器停止运行；

③ 单击 SBR 池 2 停止按钮，SBR 池 2 停车；

④ SBR 池 2 的滗水器停止运行；

⑤ 单击 SBR 池 1 停止按钮，SBR 池 1 停车；

⑥ SBR 池 3 的滗水器停止运行；

⑦ 单击 SBR 池 1 停止按钮，SBR 池 1 停车；

⑧ SBR 池 4 的滗水器停止运行。

子情境二　颗粒污泥物理状态观察

任务描述<<<——

任务目标	知识目标 (1)理解颗粒污泥的原理 (2)理解颗粒污泥的构筑物的类型、构造及工作过程等 能力目标 能够进行颗粒污泥物理状态观察操作 素质目标 具备一定的自学、计算机应用、沟通合作的能力			
技能任务	发现 故障	基本操作	处理 故障	基本操作
		维护巡视		安全事项
探索任务	颗粒污泥物理状态观察可能存在其他故障问题			

情境导入 <<<—

给出三个不同的颗粒污泥图案：①灰色，絮状；②灰黑色，红豆粒大小；③黑色，黄豆粒大小。正确答案：②。

带式压滤机开机操作。

处理方法（二维码 m5-1）<<<—

对带式压滤机进行开机操作。

（1）加入絮凝剂，启动药液搅拌系统（设置控制面板，在面板上操作）。

（2）启动空压机，打开进气阀，将进气压力调整到 0.3MPa（设置进气压力选择框，可上下调整压力）。

（3）启动清洗水泵，打开进水总阀，开始清洗滤带。

（4）启动主传动电机，使滤带运转正常（面板上操作）。

（5）依次启动絮凝剂加药泵、污泥进料和絮凝搅拌电机。

（6）将进气压力调整到 0.6MPa，让两条滤带的压力一致（设置进气压力选择框，可上下调整压力）。

（7）调整进泥量和滤带的速度，使处理量和脱水率达到最佳（可不操作，观察上述操作后，脱水率达标）。

子情境三 UASB 日常管理

任务描述 <<<—

任务目标	知识目标 (1)理解 UASB 的原理 (2)理解 UASB 的构筑物的类型、构造及工作过程等 能力目标 能够进行 UASB 日常管理操作 素质目标 具备一定的自学、计算机应用、沟通合作的能力			
技能任务	发现 故障	基本操作	处理 故障	基本操作
		维护巡视		安全事项
探索任务	UASB 日常管理可能存在其他故障问题			

情境导入 <<<—

在完整流程图中，显示所有参数，参数值见运行数据。

处理方法 <<<—

（1）水质控制：pH6.5~7.5 为佳，进水 SS 小于 100mg/L。

（2）水温以 20~30℃为宜。

（3）状态指标：ORP－520~－530mV，挥发性 VFA50~500mg/L。

碱度 ALK1500~3000mg/L，沼气中 CH_4 大于 60%，CO_2 小于 20%，COD 去除率大于 80%。

（4）负荷控制在 30~50kg COD/(m^3·d)，消化时间为 40~50h。

子情境四　来水pH值调整

任务描述<<<——

任务目标	知识目标 (1)理解来水pH值调整的原理 (2)理解来水pH值调整的构筑物的类型、构造及工作过程等 能力目标 能够进行来水pH值调整操作 素质目标 具备一定的自学、计算机应用、沟通合作的能力			
技能任务	发现 故障	基本操作	处理 故障	基本操作
		维护巡视		安全事项
探索任务	来水pH值调整可能存在其他故障问题			

情境导入<<<——

在完整流程图中，显示所有参数，参数值见运行数据，其中设置：在格栅及提升泵房界面中，设置来水pH值在4.5～5之间波动，用红色显示不正常参数。

处理方法（二维码m5-2）<<<——

(1) 打开加药计量泵，设置流量逐渐增大；

(2) pH值逐渐显示在6～9之间；

(3) 观察来水pH值，调整计量泵加药量。

子情境五　UASB反应器跑泥应急处理

任务描述<<<——

任务目标	知识目标 (1)理解UASB反应器跑泥的原理 (2)理解UASB反应器跑泥的构筑物的类型、构造及工作过程等 能力目标 能够进行UASB反应器跑泥应急处理操作 素质目标 具备一定的自学、计算机应用、沟通合作的能力			
技能任务	发现 故障	基本操作	处理 故障	基本操作
		维护巡视		安全事项
探索任务	UASB反应器跑泥应急处理可能存在其他故障问题			

情境导入<<<——

在完整流程图中，显示所有参数，参数值见运行数据，其中一个反应器跑泥。

处理方法（二维码m5-3）<<<——

(1) 调节配水井配水阀门，使流量相同；

(2) 观察出水SS值至正常。

子情境六　控制 UASB 反应器温度

任务描述 <<<—

任务目标	知识目标 (1)理解控制 UASB 反应器温度的原理 (2)理解控制 UASB 反应器温度的构筑物的类型、构造及工作过程等 能力目标 能够进行控制 UASB 反应器温度操作 素质目标 具备一定的自学、计算机应用、沟通合作的能力			
技能任务	发现 故障	基本操作	处理 故障	基本操作
		维护巡视		安全事项
探索任务	控制 UASB 反应器温度可能存在其他故障问题			

情境导入 <<<—

在完整流程图中，显示所有参数，参数值见运行数据，其中设置故障点：进水温度为 24℃，红色显示不正常参数。

处理方法（二维码 m5-4）<<<—

(1) 关闭进水阀门；

(2) 打开加热装置，给进水加热（电加热）；

(3) 直至水温升到 27~31℃；

(4) 打开进水阀门。

子情境七　初级工巡视

情境导入 <<<—

各项指标均符合标准，过程稳定。重在监控，基本不需要进行操作，巡视整个工艺后将结果填入巡视记录表中。

(1) 选择巡视间隔时间 2h。

(2) 巡视记录表

巡检时间间隔	格栅提升泵房			平流沉砂池		调节池		辐流式初沉池		配水井		UASB 反应器			SBR池	污泥浓缩池	污泥脱水机房		鼓风机房		
	格栅运行情况	液位/m	栅渣状况	刮砂机运行情况	刮渣机运行情况	水泵液位/m	曝气状态	加药计量泵的运行状态	刮泥机状况	水量是否均匀	反应温度/℃	污泥颜色	排气流量/(L/min)	滗水器工作情况	污泥泵运行情况	加药计量泵运行情况	带式压滤机的脱水状况	压力计/MPa	风量/(L/min)	温度/℃

子情境八　中级工巡视

情境导入 <<<←——

各项指标均符合标准，过程稳定。重在监控，基本不需要进行操作，巡视整个工艺后将结果填入巡视记录表中。

（1）选择巡视间隔时间2h。

（2）巡视记录表：

巡检时间间隔	格栅提升泵房			平流沉砂池		调节池	配水井		UASB反应器				SBR池			污泥浓缩池	污泥脱水机房		鼓风机房		
	格栅运行	液位/m	栅渣状况	刮砂机运行	刮渣机运行	pH	流量/(m³/h)	pH	COD/(mg/L)	NH₃-N/(mg/L)	SS/(mg/L)	SS/(mg/L)	COD/(mg/L)	NH₃-N/(mg/L)	污泥泵运行	加药计量泵/(m³/d)	带式压滤机的脱水状况	加药计量泵运行情况	风量/(L/min)	温度/℃	压力计/MPa

反渗透工艺运行监测

情境分析 ◀◀◀

有一种半透膜,它只允许溶剂通过而不允许溶质通过。如果用这种半透膜将盐水和淡水或两种浓度不同的溶液隔开,可以发现水将从淡水侧或浓度较低的一侧通过膜自动地渗透到盐水或浓度较高的溶液一侧,盐水体积逐渐增加,在达到某一高度后便自行停止,此时即达到平衡状态。这种现象称为渗透作用。当渗透平衡时,溶液两侧液面的静水压称为渗透压。如果在盐水面上施加大于渗透压的压力,则此时盐水中的水就会流向淡水侧,将这种现象称为反渗透(RO)。

反渗透不是自动进行的,为了进行反渗透过程,就必须加压,只有当工作压力大于溶液的渗透压时,水才能通过膜从盐水中分离出。在理论上只要用比渗透压差大一点的压力就可以进行反渗透,然而工作压力的选定还应考虑到一定的渗透水量和在反渗透过程中因浓缩而使渗透压增高等因素。所以实际中使用的工作压力要比渗透压差大3~10倍。

子情境一 反渗透工艺运行

任务描述 ◀◀◀

任务目标	知识目标 (1)理解 RO 工艺的原理 (2)理解 RO 工艺的构筑物的类型、构造及工作过程等 能力目标 能够进行 RO 工艺的开车、停车操作 素质目标 具备一定的自学、计算机应用、沟通合作的能力				
技能任务	开车	基本操作	停车	基本操作	
		维护巡视		安全事项	
探索任务	RO 工艺存在问题				

情境导入 ◀◀◀

某污水处理厂污水水质,污水处理量为 $6000 m^3/d$。

水质指标	COD_{Cr}	BOD_5	悬浮物(SS)	氨氮(以 N 计)	动植物油	pH
浓度/(mg/L)	300~500	100~150	500~1200	25	9	6.2~6.7

处理厂出水水质达到国家二级排放标准（GB 18918—2002）

水质指标	COD_Cr	BOD_5	悬浮物（SS）	氨氮（以 N 计）	动植物油	pH
浓度/(mg/L)	100	30	30	25(30)	5	6～9

工艺水质参数

水质参数	BOD/(mg/L)	COD/(mg/L)	SS/(mg/L)	NH_3-N/(mg/L)	P/(mg/L)	pH
源污水	160	400	125	28	5	6～9
初沉池出水	120	280	75	25	5	6～9
生化池出水	14.4	39	75	3.75	1	6～9
二沉池出水	14.4	39	12	3.75	1	6～9
达标水水质要求	20	60	20	8(15)	1	6～9

主要设备一览表（设备作用正常值范围）

序号	位号	名称	说明
1	S601	原水箱	储存原水
2	S602	石英砂过滤器	截留水中的泥沙、杂质、悬浮物、重金属离子、小分子有机物、细菌、降低原水的 SDI(污染指数密度)值等
3	S603	活性炭过滤器	活性炭过滤器具有双重作用，一是吸附；二是过滤。滤除自来水中的化学有机物、重金属、色度、异味、余氯等
4	S604	软化器	去除原水的钙、镁等结垢离子，去除原水的硬度
5	S608	精密过滤器	除去大于 $5\,\mu m$ 的污染物颗粒
6	S610	反渗透组件	脱盐，同时能除去水中有机物(如三卤甲烷中间体、胶体、悬浮物、微生物、细菌、藻类、霉类等)、热源、病毒等物质
7	S611	反渗透组件	脱盐，同时能除去水中有机物(如三卤甲烷中间体、胶体、悬浮物、微生物、细菌、藻类、霉类等)、热源、病毒等物质
8	S612	反渗透组件	脱盐，同时能除去水中有机物(如三卤甲烷中间体、胶体、悬浮物、微生物、细菌、藻类、霉类等)、热源、病毒等物质
9	S613	反渗透组件	脱盐，同时能除去水中有机物(如三卤甲烷中间体、胶体、悬浮物、微生物、细菌、藻类、霉类等)、热源、病毒等物质
10	S614	净水水箱	储存净水

主要显示仪表一览表（仪表测量位置，例如测量何地的 pH，正常值单位、范围）

序号	位号	名称	说明
1	FI601	原水来源流量计	正常值 9000m³/h
2	FI603	原水泵出水流量计	正常值 9000m³/h
3	FI606	砂滤塔进水流量计	正常值 9000m³/h
4	FI607	砂滤塔反冲洗流量计	正常值 9000m³/h
5	FI613	砂滤塔出水流量计	正常值 9000m³/h
6	FI615	炭滤塔进水流量计	正常值 9000m³/h
7	FI616	炭滤塔反冲洗流量计	正常值 9000m³/h
8	FI617	炭滤塔反冲洗出水流量计	正常值 9000m³/h
9	FI618	软化器进水流量计	正常值 9000m³/h
10	FI619	软化器反冲洗流量计	正常值 9000m³/h
11	FI624	软化器反冲洗出水流量计	正常值 9000m³/h
12	FI626	软化器排空流量计	正常值 9000m³/h
13	FI627	精密过滤器进水流量计	正常值 9000m³/h
14	FI635	精密过滤器出水流量计	正常值 9000m³/h
15	FI636	精密过滤器排空流量计	正常值 9000m³/h
16	FI639	反渗透设备 S610 进口流量	正常值 3000m³/h

序号	位号	名称	说明
17	FI640	反渗透设备 S611 进口流量	正常值 3000m³/h
18	FI641	反渗透设备 S612 进口流量	正常值 3000m³/h
19	FI642	反渗透设备 S610 浓水出水流量	正常值 1500m³/h
20	FI643	反渗透设备 S610 净出水流量	正常值 1500m³/h
21	FI644	反渗透设备 S611 浓水出水流量	正常值 1500m³/h
22	FI645	反渗透设备 S611 净出水流量	正常值 1500m³/h
23	FI646	反渗透设备 S612 浓水出水流量	正常值 1500m³/h
24	FI647	反渗透设备 S612 净出水流量	正常值 1500m³/h
25	FI650	反渗透设备 S613 浓水出水流量	正常值 3000m³/h
26	FI651	反渗透设备 S613 净水出水流量	正常值 1500m³/h
27	FI652	反渗透设备 S613 浓水回流流量	间歇操作
28	FI653	反渗透设备 S613 浓水排放流量	正常值 3000m³/h
29	FI653	反渗透设备 S613 浓水排放流量	正常值 3000m³/h
30	FI658	RO 系统药液回流流量	间歇操作
31	FI655	净水水箱出水流量	正常值 6000m³/h
32	FI656	净水水箱排空流量	间歇操作
33	FI629	净水取样流量	间歇操作
34	AI6103	原水进水温度	正常值 25℃
35	AI6104	进水压力	正常值 1kgf/cm²
36	AI6604	高压泵入口压力	正常值 1kgf/cm²
37	AI611	RO 系统入口压力	正常值 14kgf/cm²

主要泵类设备一览表

序号	位号	名称	说明
1	P601	原水泵	为经过滤器的原水提供压力
2	P602	原水泵（备用）	为经过滤器的原水提供压力
3	P603	软化器加药泵	向软化器中加入 NaCl 或 NaHSO₃
4	P604	软化器加药泵（备用）	向软化器中加入 NaCl 或 NaHSO₃
5	P605	RO 系统加药泵	为 RO 系统加入药液
6	P606	RO 系统加药泵（备用）	为 RO 系统加入药液
7	P607	高压泵	为液体升压
8	P608	高压泵（备用）	为液体升压

知识链接<<<←

反渗透处理工艺包括废水的预处理工艺、膜分离工艺、膜的清洗工艺，见图 6-1。

（1）预处理工艺

① 根据反渗透膜允许使用的温度和 pH 值范围，调整和控制 pH 值及进水温度。

② 用混凝沉淀和精密过滤相结合工艺，去除水中 0.3～1.0μm 以上的悬浮固体及胶体，用 5～25μm 的过滤介质，去除水中悬浮固体。

③ 采用氯或次氯酸钠氧化可有效去除可溶性、胶体状和悬浮性有机物，也可根据有机物种类采用活性炭去除。

④ 在反渗透分离过程中，可溶性有机物同时被浓缩。当可溶性无机物的浓度超出了它

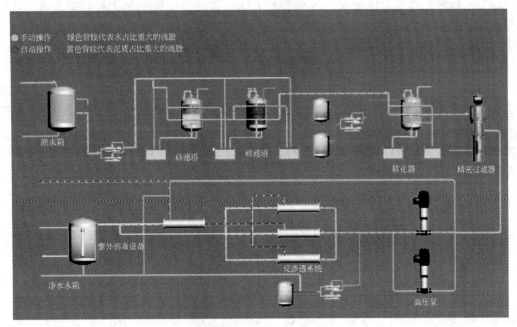

图 6-1　反渗透工艺总貌图

们的溶解度范围后，就会在水中沉淀并被截留在膜表面形成污垢，因此要控制水的回收率，同时可将进水 pH 值调整在 5～6，以控制水中碳酸钙及磷酸钙的形成，亦可采用石灰法去除水中的钙盐，可借助投加六偏磷酸钠防止硫酸钙沉淀。

⑤ 细菌、藻类、微生物易使膜表面产生污垢，可采用消毒法抑制其生长。

⑥ 超滤也可作为反渗透的预处理法以去除水中的油、胶体、微生物等物质。

（2）膜分离工艺

① 膜组件的排列组合方式：在膜分离工艺中可采用组件的多种组合方式以满足不同水处理对象对溶液分离技术的要求。组件的组合方式有一级和多级（一般为二级）。在各个级别中又分为一段和多段。一级是指一次加压的膜分离过程，多级是指进料必须经过多次加压的膜分离过程。

② 系统回收率的计算

$$回收率 = \frac{进水流量 - 浓水流量}{进水流量} \times 100\%$$

设计者在设计反渗透系统时，希望尽可能地提高水的回收率，尤其是在水资源极度匮乏的地区。RO 设备的运行温度和运行压力对 RO 的透水量有较明显的影响。水温每提高 1℃，透水量增加 2.7%（在许可范围内）；运行压力越大，透水量也越大（在许可范围内）。

（3）膜清洗工艺

当反渗透膜被污染后，会造成透水量降低及进水侧与浓盐水侧的压降增加。当达到下列条件之一时，就应对 RO 设备进行清洗：①透水量下降 10%；②出水中盐浓度增加 10%；③进水侧与浓盐水侧的压力差增加 15%（与参考值相比，参考值是指开始运行的 24～48h 内的压降值）。

膜的清洗工艺分为物理法和化学法两大类。物理法又可分为水力清洗、水气混合冲洗、逆流清洗及海绵球清洗。水力清洗主要采用减压后高速的水力冲洗以去除膜表面污染物。化学清洗是采用清洗溶液对膜表面进行清洗的方法。去除膜面的氢氧化铁污染多采用1%～2%的柠檬酸铵水溶液。柠檬酸钠水溶液用盐酸将pH值调至4～5，用于去除无机沉垢。高浓度盐水常被用于胶体污染体系。加酶洗剂对蛋白质、多糖类及胶体污染物有较好的清洗效果。

在清洗前，必须先确定污染物（或垢）的类型，这是清洗的关键。不同类型的污染物应用不同类型的化学药品进行清洗。在实际中可根据下列要点分析污染物的类型：①分析进水水质及浓盐水中各种离子成分；②分析运行数据；③与上次清洗的目标进行比较；④用SDI值判断膜上的沉积物；⑤分析精密过滤器的沉积物；⑥检查容器的内壁，若发现红褐色，则可能是铁锈。

（4）反渗透装置的保养

反渗透装置的保养很重要。当反渗透装置停运4h以上，应当先低压运行几分钟，将反渗透的浓水置换。当设备停运时间超过48h，需要对反渗透膜进行保养，防止因细菌、微生物的生长对膜造成破坏。通常采取的保养液有：亚硫酸氢钠或甲醛溶液。当停运时间低于5d，取亚硫酸钠的质量分数为0.5%即可，直接在运行中由加药泵加入，当RO完成"运行后冲洗"步骤后关闭所有进、出水阀门；若停运时间高于5d，则应在清洗箱中配药，亚硫酸钠的质量分数为2%～3%。配好后利用清洗泵将药液慢慢循环注满RO容器内，然后关闭所有进、出水阀门。

开车操作<<<───

（1）预处理系统的启动

① 打开原水进水阀门V601，控制原水箱进水流量等于1025m³/h；

② 控制原水箱进水流量等于1025m³/h；

③ 全开砂滤塔排水阀门V615；

④ 全开砂滤塔的进水阀门V611；

⑤ 全开砂滤塔的进水阀门V609；

⑥ 全开原水泵P601前阀V605；

⑦ 单击原水泵控制面板，单击原水泵P601电源按钮；

⑧ 单击原水泵P601运行按钮，启动原水泵；

⑨ 打开原水泵P601的后阀V606，控制原水箱出水流量为1025m³/h；

⑩ 控制原水箱出水流量为1025m³/h；

⑪ 全开炭滤塔进水阀门V620；

⑫ 全开炭滤塔排水阀门V625；

⑬ 关闭砂滤塔排水阀门V615；

⑭ 半开砂滤塔出水阀门V614，控制砂滤塔出水流量等于1025m³/h；

⑮ 控制砂滤塔出水流量等于1025m³/h；

⑯ 全开软水器的进水阀门V627；

⑰ 全开软水器排水阀门V632；

⑱ 关闭炭滤塔排水阀门V625；

⑲ 半开炭滤塔出水阀门V623，控制碳滤塔出水流量等于1025m³/h；

⑳ 控制炭滤塔出水流量等于1025m³/h；

㉑ 全开精密过滤器进水阀门V661；

⑫ 半开精密过滤器排水阀门 V647；

⑬ 关闭软水器排水阀门 V632；

⑭ 半开软水器出水阀门 V630；

⑮ 控制软水器出水流量等于 $1025m^3/h$；

（2）预处理系统反冲洗

① 砂滤塔反冲洗过程（见图 6-2）

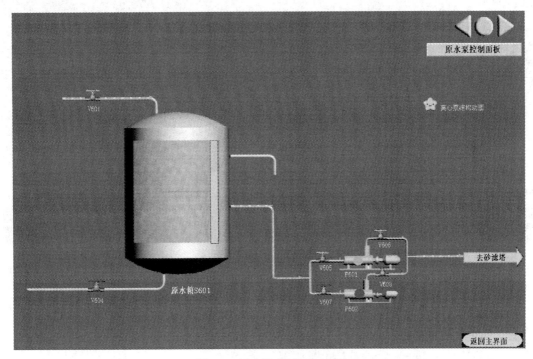

图 6-2　原水箱-原水泵工艺图

a. 单击手动按钮，使系统从自动切换为手动；

b. 打开原水进水阀门 V601，控制原水箱进水流量为 $9000m^3/h$；

c. 控制原水箱进水流量为 $9000m^3/h$；

d. 半开砂滤塔反排阀 V612；

e. 全开砂滤塔的反进阀 V613；

f. 全开砂滤塔进水阀门 V609；

g. 全开原水泵 P601 前阀 V605；

h. 单击原水泵控制面板，单击原水泵 P601 电源按钮；

i. 单击原水泵 P601 运行按钮，启动原水泵；

j. 半开原水泵 P601 的后阀 V606；

k. 控制砂滤塔反冲洗流量为 $9000m^3/h$。

② 砂滤塔正冲洗过程（见图 6-3）

a. 砂滤塔反冲洗 10min 后，全开砂滤塔排水阀门 V615；

b. 全开砂滤塔的进水阀门 V611；

c. 关闭砂滤塔反进阀 V613；

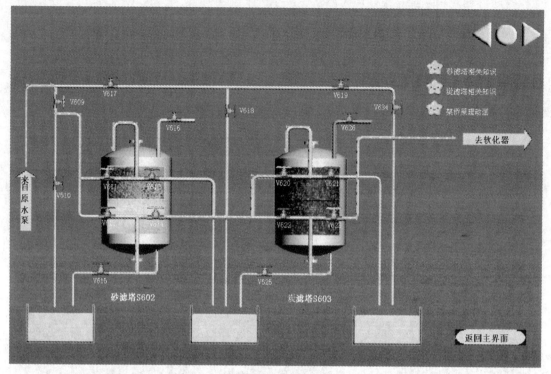

图 6-3　石英砂过滤器-活性炭过滤器工艺图

d. 关闭砂滤塔反排阀 V612；

e. 控制砂滤塔正冲洗流量为 9000m³/h。

③ 炭滤塔反冲洗过程

a. 运行 10min 后，半开炭滤塔反排阀 V621；

b. 全开炭滤塔的反进阀 V622；

c. 半开砂滤塔出水阀门 V614；

d. 关闭砂滤塔排水阀门 V615；

e. 控制炭滤塔反冲洗流量为 9000m³/h。

④ 炭滤塔正冲洗过程

a. 炭滤塔反冲洗运行 20min 后，全开炭滤塔排水阀 V625；

b. 全开炭滤塔进水阀门 V620；

c. 关闭炭滤塔反进阀 V622；

d. 关闭炭滤塔反排阀 V621；

e. 控制炭滤塔正冲洗流量为 9000m³/h。

⑤ 软化器反冲洗过程（见图 6-4）

a. 运行 20min 后，半开软化器反排阀 V628；

b. 全开软化器反进阀 V629；

c. 半开炭滤塔出水阀门 V623；

d. 关闭炭滤塔排水阀门 V625；

e. 控制软化器反冲洗流量为 9000m³/h。

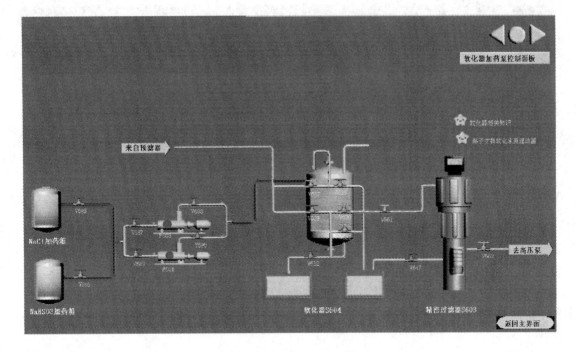

图 6-4　软化器-精滤器工艺

⑥ 软化器正冲洗过程

a. 软化器运行 20min 后，全开软化器排水阀门 V632；

b. 全开软化器的进水阀门 V627；

c. 关闭软化器的反进阀 V629；

d. 关闭软化器的反排阀 V628；

e. 控制软化器正冲洗流量为 9000m³/h。

⑦ 精滤器正冲洗过程（见图 6-4）

a. 运行 20min 后，半开精密过滤器排水阀门 V647；

b. 全开精密过滤器进水阀门 V661；

c. 关闭软化器排水阀门 V632；

d. 半开软化器出水阀门 V630，精密过滤器运行 10min 后，反冲洗结束。

（3）反渗透装置启动过程（见图 6-5）

① 运行 20min 后，半开精密过滤器排水阀门 V647；

② 全开精密过滤器进水阀门 V661；

③ 关闭软化器排水阀门 V632；

④ 半开软化器出水阀门 V630，精密过滤器运行 10min 后，反冲洗结束。

停车操作<<<—

（1）全开反渗透器 S610 浓水出水阀门 V669；

（2）全开反渗透器 S611 浓水出水阀门 V672；

（3）全开反渗透器 S611 浓水出水阀门 V675；

（4）RO 系统进水压力降至 5kgf/cm² 左右；

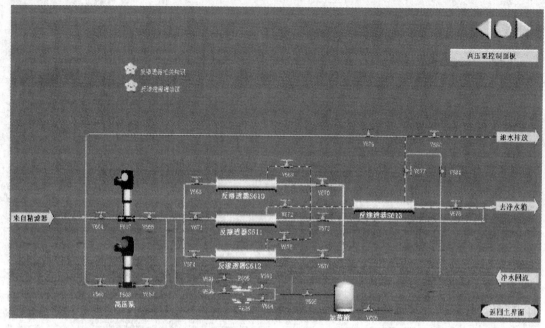

图 6-5　反渗透工艺图

（5）待 RO 系统进水压力降至 5kgf/cm² 左右，单击高压泵 P607 运行按钮，停运高压泵；

（6）全开精密过滤器排水阀 V647；

（7）单击原水泵 P601 运行按钮，停运原水泵；

（8）进入原水箱仿真界面，关闭原水箱进水阀门 V601；

（9）待所有管路流量为零时，关闭精滤器排水阀 V647；

（10）关闭砂滤塔进水阀 V611；

（11）关闭砂滤塔出水阀 V614；

（12）关闭碳滤塔进水阀 V620；

（13）关闭碳滤塔出水阀 V623；

（14）关闭软化器进水阀 V627；

（15）关闭软化器出水阀 V630；

（16）关闭 RO 进水总阀 V662；

（17）关闭 RO 设备 S610 净水出水阀 V670；

（18）关闭 RO 设备 S611 净水出水阀 V673；

（19）关闭 RO 设备 S612 净水出水阀 V676；

（20）关闭 RO 设备 S613 净水出水阀 V678；

（21）全开 RO 加药箱出水阀 V695；

（22）全开加药泵 P605 前阀 V692；

（23）进入 RO 加药泵控制面板，启动加药泵 P605；

（24）全开加药泵 P605 后阀 V691；

（25）打开药液回水阀 V684，所有浓水出水阀处于开启状态。

子情境二　预处理系统反冲洗

任务描述<<←

任务目标	知识目标 (1)理解预处理系统反冲洗的原理 (2)理解预处理系统反冲洗的构筑物的类型、构造及工作过程等 能力目标 能够进行预处理系统反冲洗操作 素质目标 具备一定的自学、计算机应用、沟通合作的能力			
技能任务	发现 故障	基本操作 维护巡视	处理 故障	基本操作 安全事项
探索任务	预处理系统反冲洗可能存在其他故障问题			

情境导入<<←

预处理系统的状态正常是反渗滤主机启动的前提条件。预处理系统的反冲洗目的是去除预处理系统停机时间沉积的杂质。

处理方法（二维码 6-1）<<←

(1) 单击手动按钮，使系统从自动切换为手动；

(2) 打开原水进水阀门 V601，开度 75；

(3) 打开砂滤塔反排阀 V612，开度 60；

(4) 打开砂滤塔的反进阀 V613，开度 100；

(5) 打开砂滤塔进水阀门 V609，开度 100；

(6) 打开原水泵 P601 前阀 V605，开度 100；

(7) 单击原水泵控制面板，单击原水泵 P601 电源按钮；

(8) 单击原水泵 P601 运行按钮，启动原水泵；

(9) 打开原水泵 P601 的后阀 V606，开度 70；

(10) 砂滤塔反冲洗 10min 后，打开砂滤塔排水阀门 V615，开度 100；

(11) 打开砂滤塔的进水阀门 V611，开度 100；

(12) 关闭砂滤塔反进阀 V613；

(13) 关闭砂滤塔反排阀 V612；

(14) 运行 10min 后，打开碳滤塔反排阀 V621，开度 60；

(15) 打开炭滤塔的反进阀 V622，开度 100；

(16) 关闭砂滤塔排水阀门 V615；

(17) 打开砂滤塔出水阀门 V614，开度 100；

(18) 碳滤塔反冲洗运行 20min 后，打开炭滤塔排水阀 V625，开度 100；

(19) 打开炭滤塔进水阀门 V620，开度 100；

(20) 关闭炭滤塔反进阀 V622；

(21) 关闭炭滤塔反排阀 V621；

(22) 运行 20min 后，打开软化器反排阀 V628，开度 60；

(23) 打开软化器反进阀 V629，开度 100；

（24）关闭炭滤塔排水阀门 V625；

（25）打开炭滤塔出水阀门 V623，开度 60；

（26）软化器运行 20min 后，打开软化器排水阀门 V632，开度 100；

（27）打开软化器的进水阀门 V627，开度 100；

（28）关闭软化器的反进阀 V629；

（29）关闭软化器的反排阀 V628；

（30）运行 20min 后，打开精密过滤器排水阀门 V647，开度 100；

（31）打开精密过滤器进水阀门 V661，开度 100；

（32）关闭软化器排水阀门 V632；

（33）打开软化器出水阀门 V630，开度 60，精密过滤器运行 10min 后，反冲洗结束。

子情境三　反渗透系统启动操作

任务描述<<<——

任务目标	知识目标 (1)理解反渗透系统启动操作的原理 (2)理解反渗透系统启动操作的构筑物的类型、构造及工作过程等 能力目标 能够进行反渗透系统启动操作 素质目标 具备一定的自学、计算机应用、沟通合作的能力			
技能任务	发现 故障	基本操作	处理 故障	基本操作
		维护巡视		安全事项
探索任务	反渗透系统启动操作可能存在其他故障问题			

情境导入<<<——

启动反渗透。

处理方法<<<——

（1）单击仿真界面右上角"反渗透系统启动操作"按钮，进入巡视题界面，判断反渗透组件 S610 原水进水阀 V668 开关状况；

（2）判断反渗透组件 S611 原水进水阀 V671 开关状况；

（3）判断反渗透组件 S612 原水进水阀 V674 开关状况；

（4）判断反渗透组件 S610 浓水排水阀 V669 开关状况；

（5）判断反渗透组件 S611 浓水排水阀 V672 开关状况；

（6）判断反渗透组件 S612 浓水排水阀 V675 开关状况；

（7）判断反渗透组件 S613 浓水排水阀 V677 开关状况；

（8）判断反渗透组件 S610 淡水排放阀 V670 开关状况；

（9）判断反渗透组件 S611 淡水排放阀 V673 开关状况；

（10）判断反渗透组件 S612 淡水排放阀 V676 开关状况；

（11）判断反渗透组件 S6138 淡水排放阀 V678 开关状况；

（12）判断反渗透系统净水排放取样阀 V638 开关状况；

（13）判断反渗透系统净水回水阀 V683 开关状况；

（14）判断反渗透系统冲洗药液回水阀 V684 开关状况；

（15）判断反渗透系统药液进入法 V695 开关状况；

（16）判断原水泵 P601 电源开关状况；

（17）判断原水泵 P602 电源开关状况；

（18）判断原水泵 P601 运行状况；

（19）判断原水泵 P602 运行状况；

（20）判断高压泵 P607 电源开关状况；

（21）判断高压泵 P608 电源开关状况；

（22）判断高压泵 P607 运行状况；

（23）判断高压泵 P608 运行状况；

（24）判断精滤器出水浊度值；

（25）判断精滤器出水 SDI 值；

（26）判断高压泵入口压力值；

（27）进入精滤器界面，打开精滤器出水阀 V662，开度 60；

（28）进入高压泵控制面板，单击高压泵 P607 运行按钮，启动高压泵；

（29）关闭精滤器排水阀 V647；

（30）反渗透器 S610～S612 净水阀门 V670，V673，V676 开度调整为 65，以此调节进水压力达到 5kgf/cm^2，冲洗 5min；

（31）打开反渗透产水阀 V639，开度 100；

（32）关闭净水排放取样阀 V638；

（33）反渗透器 S610 浓水排水阀 V669 开度调节为 65 左右；

（34）反渗透器 S610 净水排水阀 V670 开度调节为 65 左右；

（35）反渗透器 S611 浓水排水阀 V672 开度调节为 65 左右；

（36）反渗透器 S611 净水排水阀 V673 开度调节为 65 左右；

（37）反渗透器 S612 浓水排水阀 V675 开度调节为 65 左右；

（38）反渗透器 S612 净水排水阀 V676 开度调节为 65 左右；

（39）改变浓水阀门开度控制 RO 产水量和回收率，控制产水量为 6000m^3/h，回收率 67％；

（40）操作完毕，单击提示框中"提交试卷"按钮。

子情境四　进水余氯超标应急处理

任务描述 <<<

任务目标	知识目标 (1)理解进水余氯超标的原理 (2)理解进水余氯超标应急处理的构筑物的类型、构造及工作过程等 能力目标 能够进行进水余氯超标应急处理操作 素质目标 具备一定的自学、计算机应用、沟通合作的能力			
技能任务	发现 故障	基本操作	处理 故障	基本操作
		维护巡视		安全事项
探索任务	进水余氯超标应急处理可能存在其他故障问题			

情境导入 <<<——

余氯达 2mg/L，超标。应为 0.1mg/L。调节进水余氯正常。

处理方法（二维码 m6-2）<<<——

（1）单击软化器界面思考题 1 按钮，回答问题。

（2）进入软化器仿真界面，打开加药泵 P603 前阀 V687。

（3）进入软化器加药泵控制面板，打开软化器加药泵 P603 电源。

（4）单击加药泵 P603 运行按钮，启动加药泵。

（5）打开加药泵 P603 后阀 V688。

（6）打开 $NaHSO_3$ 加药箱的出口阀门 V686，向软化器加药。

（7）通过调节阀门开度改变加药流量，控制 ORP 值在 70～130，加药 20min 以上。

（8）余氯仍然大于 0.1mg/L，进行停机操作。全开反渗透器 S610 浓水出水阀门 V669。

（9）全开反渗透器 S611 浓水出水阀门 V672。

（10）全开反渗透器 S611 浓水出水阀门 V675。

（11）RO 系统进水压力降至 5kgf/cm²。

（12）待 RO 系统进水压力降至 5kgf/cm²，关闭高压泵 P607。

（13）打开活性炭过滤器排水阀 V625，开度 100。

（14）关闭原水泵 P601。

（15）进入原水箱仿真界面，关闭原水箱进水阀门 V601。

（16）关闭软化器加药泵 P603。

（17）待所有管路流量为零时，关闭活性炭排水阀 V625。

（18）完成停机操作。

（19）单击软化器界面思考题 2 按钮，回答问题。

（20）操作完毕，单击提示框中"提交试卷"按钮。

子情境五　淡水产量大增应急处理

任务描述 <<<——

任务目标	知识目标 (1)理解淡水产量大增应急处理的原理 (2)理解淡水产量大增应急处理的构筑物的类型、构造及工作过程等 能力目标 能够进行淡水产量大增应急处理操作 素质目标 具备一定的自学、计算机应用、沟通合作的能力			
技能任务	发现 故障	基本操作	处理 故障	基本操作
		维护巡视		安全事项
探索任务	淡水产量大增应急处理可能存在其他故障问题			

情境导入 <<<——

进入反渗透系统的压力低于 7kgf/cm²。

处理方法（二维码 m6-3）<<<——

（1）在 RO 工艺主界面，单击步骤 1，单击"查看净水流量"按钮，净水流量超标为

$7000m^3/h$，红色警示。

（2）在 RO 工艺主界面，单击步骤 2，单击"查看进水温度"按钮，进水温度超标为 30℃，红色警示。

（3）进行停机操作。关闭高压泵 P607。

（4）打开精密过滤器排水阀 V647，开度 100。

（5）关闭原水泵 P601。

（6）进入原水箱仿真界面，关闭原水箱进水阀门 V601。

（7）待所有管路流量为零时，关闭精滤器排水阀 V647。

（8）完成停机操作。

（9）在 RO 工艺主界面，单击步骤 3，单击"进入思考题"按钮，回答问题。

（10）操作完毕，单击提示框中"提交试卷"按钮。

子情境六　进入反渗透系统的压力过低应急处理

任务描述 <<<——

任务目标	知识目标			
	（1）理解进入反渗透系统的压力过低应急处理的原理			
	（2）理解进入反渗透系统的压力过低应急处理的构筑物的类型、构造及工作过程等			
	能力目标			
	能够进行反渗透系统的压力过低应急处理操作			
	素质目标			
	具备一定的自学、计算机应用、沟通合作的能力			
技能任务	发现	基本操作	处理	基本操作
	故障	维护巡视	故障	安全事项
探索任务	进入反渗透系统的压力过低应急处理可能存在其他故障问题			

情境导入 <<<——

当 RO 设备停运时间超过 48 h 的情况下，则需对反渗透膜进行保养，防止因细菌、微生物的生长对膜造成破坏。

处理方法（二维码 m6-4）<<<——

（1）在 RO 工艺主界面，单击步骤 1，单击"查看高压泵前压"按钮，高压泵前压过低，小于 $7kgf/cm^2$，红色警示。

（2）全开高压泵 P607 前阀 V664。

（3）高压泵前低压控制器压力仍小于 $1kgf/cm^2$，进行停机操作。全开反渗透器 S610 浓水出水阀门 V669。

（4）全开反渗透器 S611 浓水出水阀门 V672。

（5）全开反渗透器 S611 浓水出水阀门 V675。

（6）RO 系统进水压力降至 $5kgf/cm^2$。

（7）待 RO 系统进水压力降至 $5kgf/cm^2$，关闭高压泵 P607。。

（8）打开精密过滤器排水阀 V647，开度 100。

（9）关闭原水泵 P601。

（10）进入原水箱仿真界面，关闭原水箱进水阀门 V601。

（11）待所有管路流量为零时，关闭精滤器排水阀 V647。

（12）完成停机操作。

（13）在 RO 工艺主界面，单击步骤 2，单击"进入思考题"按钮，回答问题。

（14）操作完毕，单击提示框中"提交试卷"按钮。

子情境七　系统停机保养

任务描述 <<<—

任务目标	知识目标			
	（1）理解系统停机保养的原理			
	（2）理解系统停机保养的构筑物的类型、构造及工作过程等			
	能力目标			
	能够进行系统停机保养操作			
	素质目标			
	具备一定的自学、计算机应用、沟通合作的能力			
技能任务	发现故障	基本操作	处理故障	基本操作
		维护巡视		安全事项
探索任务	系统停机保养可能存在其他故障问题			

情境导入 <<<—

当反渗透膜被污染后，会造成透水量降低及进水侧与浓盐水侧的压降增加。当达到下列条件之一时，就应对 RO 设备进行清洗。

出水指标中发现 NH_3-N 含量超标，请利用内回流系统对运行进行调节，使出水 NH_3-N 达标。

处理方法 <<<—

（1）在 RO 工艺主界面，单击"系统停机保养思考题"按钮，回答问题 1。

（2）在 RO 工艺主界面，单击"系统停机保养思考题"按钮，回答问题 2。

（3）在 RO 工艺主界面，单击"系统停机保养思考题"按钮，回答问题 3。

（4）在 RO 工艺主界面，单击"系统停机保养思考题"按钮，回答问题 4。

（5）全开反渗透器 S610 浓水出水阀门 V669。

（6）全开反渗透器 S611 浓水出水阀门 V672。

（7）全开反渗透器 S611 浓水出水阀门 V675。

（8）RO 系统进水压力降至 5kgf/cm^2。

（9）待 RO 系统进水压力降至 5kgf/cm^2，关闭高压泵 P607。

（10）打开精密过滤器排水阀 V647，开度 100。

（11）关闭原水泵 P601。

（12）进入原水箱仿真界面，关闭原水箱进水阀门 V601。

（13）待所有管路流量为零时，关闭精滤器排水阀 V647。

（14）关闭砂滤塔进水阀 V611。

（15）关闭砂滤塔出水阀 V614。

（16）关闭碳滤塔进水阀 V620。

（17）关闭碳滤塔出水阀 V623。

（18）关闭软化器进水阀 V627。

（19）关闭软化器出水阀 V630。

（20）关闭 RO 进水总阀 V662。

（21）关闭 RO 设备 S610 净水出水阀 V670。

（22）关闭 RO 设备 S611 净水出水阀 V673。

（23）关闭 RO 设备 S612 净水出水阀 V676。

（24）关闭 RO 设备 S613 净水出水阀 V678。

（25）打开加药泵 P605 前阀 V691，开度 100。

（26）进入 RO 加药泵控制面板，启动加药泵 P605。

（27）打开加药泵 P605 后阀 V692，开度 50。

（28）打开 RO 加药箱出水阀 V695，开度 50。

（29）打开药液回水阀 V684，所有浓水出水阀处于开启状态。

（30）在 RO 工艺主界面，单击"系统停机保养思考题"按钮，回答问题 5。

（31）在 RO 工艺主界面，单击"系统停机保养思考题"按钮，回答问题 6。

（32）在 RO 工艺主界面，单击"系统停机保养思考题"按钮，回答问题 7。

（33）在 RO 工艺主界面，单击"系统停机保养思考题"按钮，回答问题 8。

（34）操作完毕，单击提示框中"提交试卷"按钮。

子情境八　系 统 清 洗

任务描述 <<<←

任务目标	知识目标 (1)理解系统清洗的原理 (2)理解系统清洗的构筑物的类型、构造及工作过程等 能力目标 能够进行系统清洗操作 素质目标 具备一定的自学、计算机应用、沟通合作的能力			
技能任务	发现 故障	基本操作	处理 故障	基本操作
		维护巡视		安全事项
探索任务	系统清洗可能存在其他故障问题			

情境导入 <<<←

出水指标中发现 TP 含量超标，请利用外回流系统对运行进行调节，使出水 TP 达标。

处理方法 <<<←

（1）在 RO 工艺主界面，单击"系统清洗思考题"按钮，回答问题 1。

（2）进入软化器-精滤器界面，点击精滤器，查看精滤器内壁照片，上有红褐色物质。

（3）在 RO 工艺主界面，单击"系统清洗思考题"按钮，回答问题 2。

（4）在 RO 工艺主界面，单击"系统清洗思考题"按钮，回答问题 3。

（5）在 RO 工艺主界面，单击"系统清洗思考题"按钮，回答问题 4。

（6）在 RO 工艺主界面，单击"系统清洗思考题"按钮，回答问题 5。

（7）操作完毕，单击提示框中"提交试卷"按钮。

（8）打开回流备用泵 P408 的进水阀门 V425，开度 100。

AB 工艺运行监测

情境分析 <<<

吸附-生物降解工艺，简称 AB 法。A 段以高负荷或超负荷运行〔污泥负荷＞3.0kg BOD_7/(kg MLSS·d)〕，曝气池停留时间短，为 30～60min，污泥龄仅为 0.3～0.5d。A 段对水质、水量、pH 值和有毒物质的冲击负荷有极好的缓冲作用。A 段产生的污泥量较大，约占整个处理系统污泥产量的 80% 左右，且剩余污泥中的有机物含量高。B 段以低负荷运行〔污泥负荷一般为 0.15～0.3kg BOD_7/(kg MLSS·d)〕，B 段停留 2～4h，污泥龄较长，且一般为 15～20d。该系统不设初沉池，A 段是一个开放性的生物系统，以生物絮凝吸附作用为主，同时发生不完全氧化反应，生物主要为短世代的细菌群落，去除 BOD 达 50% 以上，B 段与常规活性污泥相似。A、B 两段各自有独立的污泥回流系统，两级的污泥互补相混。

子情境一　AB 工艺运行

任务描述 <<<

任务目标	知识目标 (1)理解 AB 工艺的原理 (2)理解 AB 工艺的构筑物的类型、构造及工作过程等 能力目标 能够进行 AB 工艺的开车、停车操作 素质目标 具备一定的自学、计算机应用、沟通合作的能力				
技能任务	开车	基本操作	停车	基本操作	
		维护巡视		安全事项	
探索任务	AB 工艺存在问题				

情境导入 <<<

某污水处理厂污水水质，污水处理量为 6000m³/d。

水质指标	COD_{Cr}	BOD_5	悬浮物(SS)	氨氮(以 N 计)	动植物油	pH
浓度/(mg/L)	300～500	100～150	500～1200	25	9	6.2～6.7

处理厂出水水质达到国家二级排放标准（GB 18918—2002）

水质指标	COD_{Cr}	BOD_5	悬浮物(SS)	氨氮(以 N 计)	动植物油	pH
浓度/(mg/L)	100	30	30	25(30)	5	6～9

工艺水质参数

水质参数	BOD/(mg/L)	COD/(mg/L)	SS/(mg/L)	NH_3-N/(mg/L)	P/(mg/L)	pH
源污水	160	400	125	28	5	6～9
初沉池出水	120	280	75	25	5	6～9
生化池出水	14.4	39	75	3.75	1	6～9
二沉池出水	14.4	39	12	3.75	1	6～9
达标水水质要求	20	60	20	8(15)	1	6～9

主要设备一览表（设备作用正常值范围）

序号	位号	名称	说明
1	S701	回转式粗格栅	去除污水大颗粒杂质
2	S702	曝气沉砂池	曝气沉砂同时进行
3	S703	调节池	去除固体悬浮物
4	S704	A 段曝气池	去除污泥有机物
5	S705	平流式中沉池	沉淀
6	S706	污泥回流井 1	活性污泥回流
7	S707	B 段曝气池	去除污泥有机物
8	S708	平流式中沉池	沉淀
9	S709	污泥回流井 2	活性污泥回流
10	S710	污泥浓缩池	对回流井沉积的污泥进行浓缩
11	S711	污泥脱水机房	对污泥进行脱水处理
12	S712	回转式细格栅	去除污水较小颗粒杂质

主要显示仪表一览表（仪表测量位置，例如测量何地的 pH，正常值单位、范围）

序号	位号	名称	说明
1	FI700	污水来源流量计	正常值20000m³/d
2	FI701	沉砂池入口流量计	正常值20000m³/d
3	FI702	事故池入口流量计	正常值20000m³/d
4	FI703	沉砂池出口流量计(调节池进水流量计)	正常值20000m³/d
5	FI704	调节池出水流量计(A 段曝气池入口流量计)	正常值20000m³/d
6	FI705	A 段曝气池出口流量计(中沉池入水流量计)	正常值20000m³/d
7	FI706	B 段曝气池入口流量计(中沉池出水流量计)	正常值20000m³/d
8	FI707	B 段曝气池出口流量计(二沉池入水流量计)	正常值20000m³/d
9	FI708	二沉池出水流量计	正常值20000m³/d
10	FI709A	中沉池总排泥量	间歇操作，最大 1000 m³/d
11	FI709B/C	中沉池回流量/排泥量	间歇操作，最大 1000 m³/d
12	FI710	回流井 1 回流量	间歇操作，最大 1000 m³/d
13	FI711A	二沉池总排泥量	间歇操作，最大 200 m³/d
14	FI711B/C	二沉池回流量/排泥量	间歇操作，最大 200 m³/d
15	FI712	回流井 2 回流量	间歇操作，最大 200 m³/d
16	FI713	浓缩池上清液回流量	间歇操作，最大 2000 m³/d
17	FI714	浓缩池排泥流量	间歇操作，最大 2000 m³/d
18	FI715	脱水机上清液流量计	间歇操作，最大 10000 m³/d
19	LI701A	粗格栅液位	单位为 m，设计最大为 5m，实际最大 3.5m
20	LI701C	粗格栅液位差	单位为 m
21	LI704A	调节池液位	单位为 m，设计最大为 4m，实际最大 4m
22	LI705A	A 段曝气池液位	单位为 m，设计最大为 4m，实际最大 4m

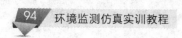

序号	位号	名称	说明
23	LI705B	A 段曝气池泥位	单位为 m,设计最大为 4m,实际最大 4m
24	LI706A/B	中沉池液/泥位	单位为 m,设计最大为 4m,实际最大 4m
25	LI710A	回流井 1 液位	单位为 m,设计最大为 4m,实际最大 4m
26	LI707A/B	A 段曝气池液位/泥位	单位为 m,设计最大为 4m,实际最大 4m
27	LI708A/B	二沉池液/泥位	单位为 m,设计最大为 4m,实际最大 4m
28	LI712A	回流井 2 液位	单位为 m,设计最大为 4m,实际最大 4m
29	LI714A/B	浓缩池液位	单位为 m,设计最大为 4m,实际最大 4m
30	A7101	污水源 BOD 值	正常值:160mg/L,暂无相关事故值
31	A7401	A 段曝气池出口 BOD 值	正常值:50mg/L,暂无相关事故值
32	A7501	中沉池出口 BOD 值	正常值:50mg/L,暂无相关事故值
33	A7701	B 段曝气池出口 BOD 值	正常值:50mg/L,暂无相关事故值
34	A7801	二沉池出口 BOD 值	正常值:50mg/L,暂无相关事故值
35	A7102	污水源 COD 值	正常值:300mg/L,事故值 680mg/L
36	A7402	A 段曝气池出口 COD 值	正常值:50mg/L,暂无相关事故值
37	A7502	中沉池出口 COD 值	正常值:50mg/L,暂无相关事故值
38	A7702	B 段曝气池出口 COD 值	正常值:50mg/L,暂无相关事故值
39	A7802	二沉池出口 COD 值	正常值:50mg/L,暂无相关事故值
40	A7109	污水源固体悬浮物值	正常值:200mg/L,事故值 300
41	A7409	A 段曝气池出口 SS 值	正常值:50mg/L,暂无相关事故值
42	A7509	中沉池出口 SS 值	正常值:50mg/L,暂无相关事故值
43	A7709	B 段曝气池出口 SS 值	正常值:50mg/L,暂无相关事故值
44	A7809	二沉池出口 SS 值	正常值:50mg/L,暂无相关事故值
45	A7104	污水源 NH_3-N 值	正常值:30mg/L,暂无事故值
46	A7404	A 段曝气池 NH_3-N 值	正常值:30mg/L,暂无事故值
47	A7504	中沉池 NH_3-N 值	正常值:3-6mg/L,暂无事故值
48	A7704	B 段曝气池出口 NH_3-N 值	正常值:50mg/L,暂无相关事故值
49	A7804	二沉池出口 NH_3-N 值	正常值:50mg/L,暂无相关事故值
50	A7105	污水源 pH 值	7
51	A7305	调节池 pH 值	7
52	A7406	A 段曝气池 MLSS 值	2000mg/L
53	A7706	B 段曝气池 MLSS 值	3000mg/L
54	PI7601A	沉砂段 1 号鼓风机电压	380V
55	PI7601B	沉砂段 2 号鼓风机电压	380V
56	PI7601C	沉砂段 3 号鼓风机电压	380V
57	II7601A	沉砂段 1 号鼓风机电流	185A
58	II7601B	沉砂段 2 号鼓风机电流	185A
59	II7601C	沉砂段 3 号鼓风机电流	185A
60	PI7701A	A 曝气段 1 号鼓风机电压	380V
61	PI7701B	A 曝气段 2 号鼓风机电压	380V
62	PI7701C	A 曝气段 3 号鼓风机电压	380V
63	II7701A	A 曝气段 1 号鼓风机电流	185A
64	II7701B	A 曝气段 2 号鼓风机电流	185A
65	II7701C	A 曝气段 3 号鼓风机电流	185A
66	PI7801A	B 曝气段 1 号鼓风机电压	380V
67	PI7801B	B 曝气段 2 号鼓风机电压	380V
68	PI7801C	B 曝气段 3 号鼓风机电压	380V
69	II7801A	B 曝气段 1 号鼓风机电流	185A
70	II7801B	B 曝气段 2 号鼓风机电流	185A
71	II7801C	B 曝气段 3 号鼓风机电流	185A

主要泵类设备一览表

序号	位号	名称	说明
1	P700A/B	粗格栅启动	粗格栅启动开关
2	P701A/B	泵房提升泵两个	为经粗格栅过滤的污水提供压力，使之进入沉砂池
3	P714A/B	污泥浓缩排泥泵	为去脱水机房的污泥提供动力，使之到脱水机房
4	P710A/B	A 段回流井污泥泵	为 A 段的回流的污泥提供动力，使之到 A 段曝气池
5	P712A/B	B 段回流井污泥泵	为 B 段的回流的污泥提供动力，使之到 B 段曝气池
6	P703	吸式排砂机	沉砂池刮渣机
7	P706	初沉池周边转动刮泥机	初沉池刮泥机，清除初沉池累计的污泥
8	P708	初沉池周边转动刮泥机	初沉池刮泥机，清除初沉池累计的污泥
9	P713	浓缩池刮泥机	浓缩池刮泥机，清除浓缩池累计的污泥

生化池运行参数

A 段：污泥负荷 3kg BOD/(kgMLSS·d)；污泥浓度 2000mg/L；停留时间 40min；溶解氧量 1.5mg/L 以下。

B 段：污泥负荷 0.2kg BOD/(kgMLSS·d)；污泥浓度 3000mg/L；停留时间 3h；污泥龄 20d；溶解氧量 2～3mg/L。

A 段污水中 BOD 的去除率达 50%；B 段污水中 BOD 去除率达 88%，COD 去除率达 85%。

A 段污泥回流比 $R_A = 0.5$。

B 段污泥回流比 $R_B = 1.0$。

知识链接 <<<——

污水的生物处理法包括活性污泥法和生物膜法等。活性污泥处理系统的新工艺包括氧化沟、间歇式活性污泥处理系统（SBR）和吸附-生物降解工艺 AB 工艺等。AB 工艺流程如图 7-1 所示。

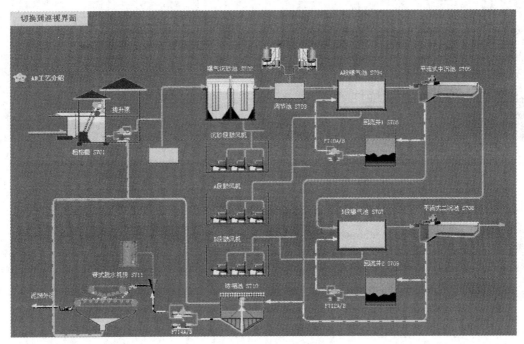

图 7-1　AB 工艺流程图

AB工艺中不设初沉池，从而使污水中的微生物在 A 段得到充分利用，并连续不断的更新，使 A 段形成一个开放性的、不断由原污水中生物补充的生物动态系统。B 段能够保证出水水质。AB工艺包括以下优点：①对有机底物去除效率高；②系统运行稳定，主要表现在出水水质波动小，有极强的耐冲击负荷能力，有良好的污泥沉降性能；③有较好的脱氮除磷效果；④节能，运行费用低，耗电量低。

AB法处理胶体状态污染物浓度较高的污水工艺时，在性能价格比上有较好的优势。

开车操作（二维码 m7-1）

（1）开工前的准备工作及全面大检查

开工前全面大检查，处理完毕，设备处于良好的备用状态。

（2）粗格栅和提升泵房岗位（见图 7-2）

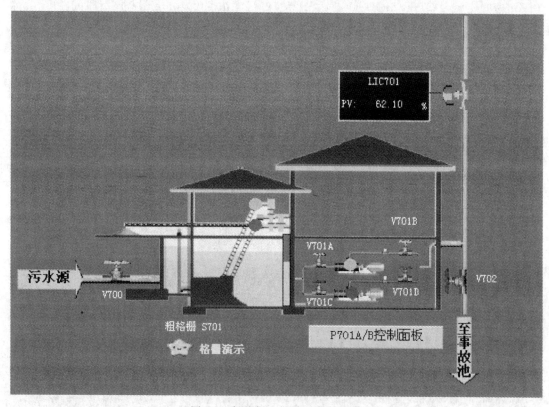

图 7-2　粗格栅和提升泵房工艺图

① 打开粗格栅入口现场；

② 启动粗格栅；

③ 启动潜水泵；

④ 开潜水泵后止回阀。

（3）细格栅和平流沉砂池岗位（见图 7-3）

① 打开平流沉砂池刮渣机电源，启动刮渣机；

② 开平流沉砂池出口闸阀。

（4）平流式中沉池岗位

① 打开中沉池刮泥机电源，启动刮泥机；

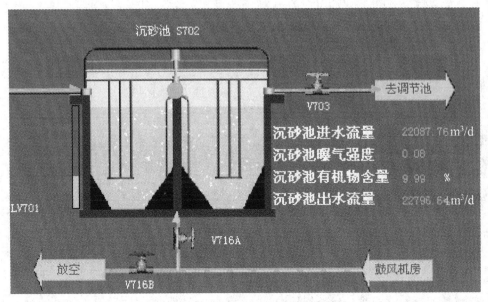

图 7-3　细格栅和平流沉砂池工艺图

② 开中沉池出口排水闸阀；

③ 当初沉池中污泥积累到一定高度时，打开初沉池出口排泥闸阀，排泥入浓缩池。

（5）调节池岗位（见图 7-4）

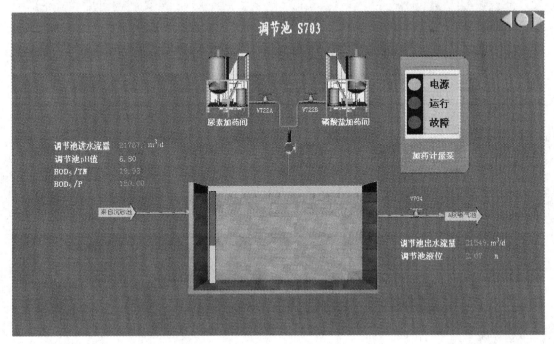

图 7-4　调节池工艺图

用于调节水量和水质。

（6）A 段曝气池岗位

难沉降的悬浮物、胶体物质得到絮凝、吸附、黏结后与可沉降的悬浮物一起沉降，使 A

段的 η_{ss} 达到 $60\% \sim 80\%$，比初沉池的 η_{ss} 大有提高；$\eta_{BOD_5} = 40\% \sim 70\%$，使整个 A-B 工艺中以非微生物降解的途径去除的 BOD_5 量大大提高。

（7）B 段曝气池岗位

B 段以低负荷运行[污泥负荷一般为 $0.15 \sim 0.3 kg\ BOD_7/(kg\ MLSS \cdot d)$]，B 段停留 $2 \sim 4h$，污泥龄较长，且一般为 $15 \sim 20d$。B 段与常规活性污泥相似。

（8）平流式中沉池（见图 7-5）

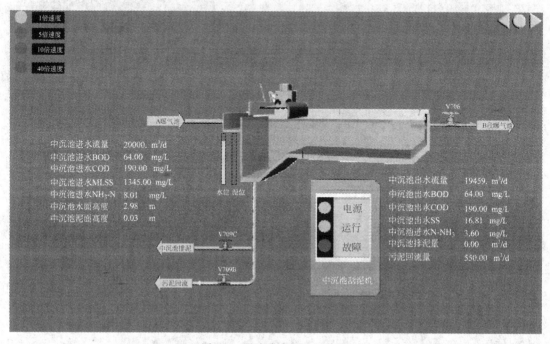

图 7-5　平流式中沉池工艺图

从曝气池出来的混合液分别在中沉池进行泥水分离，上清液排放，沉淀下来的污泥一部分回流，剩余污泥则排到浓缩池进行浓缩处理。

（9）浓缩池（见图 7-6）

① 启动浓缩池刮泥机；

② 开浓缩池后提升泵前阀；

③ 启动浓缩池后提升泵；

④ 开浓缩池后提升泵后截止阀，输送污泥入脱水机房；

⑤ 开浓缩池后闸阀，排水入粗格栅。

（10）脱水机房（见图 7-7）

① 启动脱水机房加药计量泵；

② 启动脱水机房离心脱水机；

③ 开脱水机房后闸阀，排水入粗格栅。

停车操作

（1）停车过程 1：关闭辅助设备

① 关闭格栅入口阀门 V700；

② 将泵房出口液位控制器 LIC701 设置手动状态；

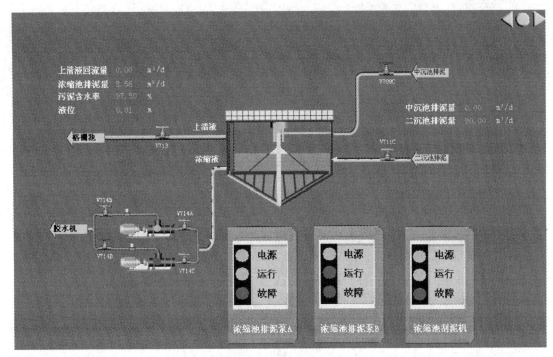

图 7-6 浓缩池工艺图

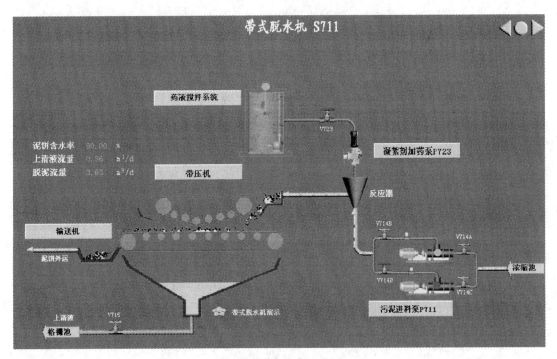

图 7-7 脱水机房工艺图

③ 将泵房出口液位控制器 LIC701 开度开大，保证泵房中剩余污水继续处理完毕；

④ 格栅池液位比较低时，关闭格栅；

⑤ 观察格栅间液位控制器 LIC701 的显示值，低于 10% 时，关闭出口阀 V701B；

⑥ 观察格栅间液位控制器 LIC701 的显示值，接近 10％时，关闭提升泵开关；

⑦ 观察格栅间液位控制器 LIC701 的显示值，接近 10％时，关闭提升泵前阀；

⑧ 观察格栅间液位控制器 LIC101 的显示值，接近 10％时，设置 LIC101 的开度为 0；

⑨ 观察初沉池进水流量减少到 200m³/d 左右时，关闭沉砂池出口阀 V703；

⑩ 关闭曝气沉砂池刮渣机；

⑪ 关闭曝气沉砂池刮砂机；

⑫ 观察初沉池进水流量减少到 200m³/d 左右时，关闭曝气阀 V716A；

⑬ 关闭曝气沉砂池鼓风机 1 号；

⑭ 关闭曝气沉砂池鼓风机 2 号；

⑮ 关闭曝气沉砂池鼓风机 1 号的进气阀门 V7601A；

⑯ 关闭曝气沉砂池鼓风机 1 号的出气阀门 V7602A；

⑰ 关闭曝气沉砂池鼓风机 2 号的进气阀门 V7601B；

⑱ 关闭曝气沉砂池鼓风机 1 号的出气阀门 V7602B；

⑲ 观察调节池液位值低于 1.5m 时，关闭调节池出水阀门 V704。

（2）停车过程 2：A 段曝气池停车

① 当 A 段曝气池液位值低于 1.5m 时，关闭 A 段曝气池去中沉池阀门 V705；

② 当 A 段曝气池液位值低于 1.5m 时，关闭中沉池污泥回流阀门 V709B；

③ 当 A 段曝气池液位值低于 1.5m 时，关闭回流井 1 回流泵出口阀门 V710B；

④ 当 A 段曝气池液位值低于 1.5m 时，关闭回流井 1 回流泵；

⑤ 当 A 段曝气池液位值低于 1.5m 时，关闭回流井 1 回流泵入口阀门 V710A；

⑥ 当中沉池液位值低于 2.5m 时，关闭中沉池去 B 段曝气池的阀门 V706；

⑦ 当中沉池液位值低于 2.5m 时，打开中沉池去浓缩池的排泥阀门 V709C；

⑧ 当中沉池液位值低于 0.5m 时，关闭中沉池去浓缩池的阀门 V709C；

⑨ 当中沉池液位值低于 0.5m 时，关闭中沉池去浓缩池的阀门 V709C；

⑩ 关闭 A 段鼓风机 1 号的出气阀门 V7702A；

⑪ 关闭 A 段鼓风机 1 号的出气阀门 V7702B；

⑫ 关闭 A 段曝气池的曝气阀门 V717A；

⑬ 关闭 A 段曝气池的曝气设备。

（3）停车过程 3：B 段曝气池停车

① 当 B 段曝气池液位值低于 1.5m 时，关闭 B 段曝气池去中沉池阀门 V707；

② 当 B 段曝气池液位值低于 1.5m 时，关闭二沉池污泥回流阀门 V711B；

③ 当 B 段曝气池液位值低于 1.5m 时，关闭回流井 1 回流泵出口阀门 V712B；

④ 当 B 段曝气池液位值低于 1.5m 时，关闭回流井 1 回流泵；

⑤ 当 B 段曝气池液位值低于 1.5m 时，关闭回流井 1 回流泵入口阀门 V710A；

⑥ 当二沉池液位值低于 2.5m 时，关闭二沉池去 B 段曝气池的阀门 V708；

⑦ 当中沉池液位值低于 2.5m 时，打开中沉池去浓缩池的排泥阀门 V711C；

⑧ 当二沉池液位值低于 0.5m 时，关闭二沉池去浓缩池的阀门 V711C；

⑨ 当中沉池液位值低于 0.5m 时，关闭中沉池去浓缩池的阀门 V709C；

⑩ 关闭 B 段鼓风机 1 号的出气阀门 V7802A；

⑪ 关闭 B 段鼓风机 1 号的出气阀门 V7802B；

⑫ 关闭 B 段曝气池的曝气阀门 V718A；

⑬ 关闭 B 段曝气池的曝气设备。

子情境二　风机流量调节

任务描述 ◄◄◄──

任务目标	知识目标 (1)理解风机流量调节的原理 (2)理解风机流量调节的构筑物的类型、构造及工作过程等 能力目标 能够进行风机流量调节操作 素质目标 具备一定的自学、计算机应用、沟通合作的能力			
技能任务	发现故障	基本操作	处理故障	基本操作
		维护巡视		安全事项
探索任务	风机流量调节可能存在其他故障问题			

情境导入 ◄◄◄──

在完整流程图中，显示所有参数，参数值见运行数据，其中设置故障点 A 段吸附池中溶解氧和风压下降，风压从 2.5kgf/cm^2 下降到 1.2kgf/cm^2，气体流量从 $200\text{m}^3/\text{h}$ 降低为 0。

处理方法（二维码 m7-2）

(1) 关闭故障风机；

(2) 关闭故障风机出气阀；

(3) 打开备用旁通阀；

(4) 打开备用出气阀门；

(5) 开启备用风机，使风量上升；

(6) 通过改变转速、进气叶片、排气阀开度等方法调节；

(7) 气量巡视时除要注意风机有无异常的噪声、振动、温升外（选择），还应观察风机的油温、油压、风量、电流、电压（给出数值填空）等仪表显示的数值。

子情境三　二沉池污泥上浮应急处理

任务描述 ◄◄◄──

任务目标	知识目标 (1)理解二沉池污泥上浮的原理 (2)理解二沉池污泥上浮的构筑物的类型、构造及工作过程等 能力目标 能够进行二沉池污泥上浮应急处理操作 素质目标 具备一定的自学、计算机应用、沟通合作的能力			
技能任务	发现故障	基本操作	处理故障	基本操作
		维护巡视		安全事项
探索任务	二沉池污泥上浮应急处理可能存在其他故障问题			

情境导入 <<<——

在完整流程图中,显示所有参数,参数值见运行数据,其中设置故障点二沉池泥龄过长,(污泥面过高)污泥上浮,出水 SS 增高为 45mg/L。

处理方法(二维码 m7-3)

(1) 加大曝气池供氧量,提高出水溶解氧;

(2) 增大二沉池排泥阀门开度,增大剩余污泥排放;

(3) 增大二沉池污泥回流阀门开度,增加回流量;

(4) 观察二沉池出水 SS 降低至 20mg/L 以下,操作完毕。

子情境四 A 段、B 段污泥回流、剩余污泥排放操作

任务描述 <<<——

任务目标	知识目标 (1)理解 A 段、B 段污泥回流、剩余污泥排放操作的原理 (2)理解 A 段、B 段污泥回流、剩余污泥排放操作的构筑物的类型、构造及工作过程等 能力目标 能够进行 A 段、B 段污泥回流、剩余污泥排放操作 素质目标 具备一定的自学、计算机应用、沟通合作的能力			
技能任务	发现故障	基本操作	处理故障	基本操作
		维护巡视		安全事项
探索任务	A 段、B 段污泥回流、剩余污泥排放操作可能存在其他故障问题			

情境导入 <<<——

在完整流程图中,显示所有参数,参数值见运行数据,其中设置 A 段、B 段排泥。

处理方法(二维码 m7-4)

(1) 打开 A 段、B 段回流污泥泵阀门;

(2) 打开 A 段、B 段回流污泥泵;

(3) 打开 A 段、B 段剩余污泥排放阀门;

(4) 打开 A 段、B 段剩余污泥泵;

(5) 观察 A 段、B 段 SVI 指标在 100~200 之间。

子情境五 回流污泥泵启动

任务描述 <<<——

任务目标	知识目标 (1)理解回流污泥泵启动的原理 (2)理解回流污泥泵启动的构筑物的类型、构造及工作过程等 能力目标 能够进行回流污泥泵启动操作 素质目标 具备一定的自学、计算机应用、沟通合作的能力			
技能任务	发现故障	基本操作	处理故障	基本操作
		维护巡视		安全事项
探索任务	回流污泥泵启动可能存在其他故障问题			

情境导入 <<<—

在完整流程图中，显示所有参数，参数值见运行数据，其中设置故障点 B 段曝气池的回流污泥泵控制柜显示电流超标，报警灯变亮，回流井液位超高。

处理方法（二维码 m7-5）

（1）打开备用污泥泵进水阀门；

（2）启动备用污泥泵；

（3）打开备用污泥泵出水阀；

（4）关闭故障污泥泵出水阀门；

（5）关闭故障污泥泵；

（6）关闭故障污泥泵进水阀门；

（7）观察污泥泵电流、电压、声音、振动情况，守机 10min；

（8）观察回流井液位降直至正常，报警解除，操作完毕

子情境六　曝气沉砂池除砂率下降应急处理

任务描述 <<<—

任务目标	知识目标 (1)理解曝气沉砂池除砂率下降的原理 (2)理解曝气沉砂池除砂率下降应急处理的构筑物的类型、构造及工作过程等 能力目标 能够进行曝气沉砂池除砂率下降应急处理操作 素质目标 具备一定的自学、计算机应用、沟通合作的能力			
技能任务	发现故障	基本操作	处理故障	基本操作
		维护巡视		安全事项
探索任务	曝气沉砂池除砂率下降应急处理可能存在其他故障问题			

情境导入 <<<—

在完整流程图中，显示所有参数，参数值见运行数据，其中设置故障点沉砂池除砂率低，来水 SS 增大为 85mg/L。

处理方法（二维码 m7-6）

（1）减小风机旁通阀的开度，增大曝气沉砂池曝气量，开大空气管阀门开度；

（2）曝气强度达到 0.1～0.2 m^3 气/m^3 水，观察沉砂池出水中砂粒；

（3）砂粒中有机物的含量应小于 10％。

子情境七　污泥浓度调控

任务描述 <<<—

任务目标	知识目标 (1)理解污泥浓度调控的原理 (2)理解污泥浓度调控的构筑物的类型、构造及工作过程等 能力目标 能够进行污泥浓度调控操作 素质目标 具备一定的自学、计算机应用、沟通合作的能力

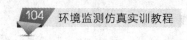

续表

技能任务	发现故障	基本操作	处理故障	基本操作
		维护巡视		安全事项
探索任务	污泥浓度调控可能存在其他故障问题			

情境导入 ‹‹‹←——

在完整流程图中，显示所有参数，参数值见运行数据，其中设置故障点 B 段曝气池活性污泥 SV 值为 70%，红色显示，SVI 值为 100。

处理方法（二维码 7-7）

（1）经分析确认是污泥浓度高引起 SV 超标，而 SVI 正常；

（2）增大剩余污泥泵出口阀的开度，或启动备用泵，增加剩余污泥排放；

（3）减小回流污泥泵出口阀的开度或减少回流泵的运行台数，减少回流量；

（4）测定 SV 值，回到 30% 以下。

子情境八 溶氧调节

任务描述 ‹‹‹←——

任务目标	知识目标 (1)理解溶氧调节的原理 (2)理解溶氧调节的构筑物的类型、构造及工作过程等 能力目标 能够进行溶氧调节操作 素质目标 具备一定的自学、计算机应用、沟通合作的能力

技能任务	发现故障	基本操作	处理故障	基本操作
		维护巡视		安全事项
探索任务	溶氧调节可能存在其他故障问题			

情境导入 ‹‹‹←——

在完整流程图中，显示所有参数，参数值见运行数据，其中设置故障点，题目中给出 A 段 DO 为 2.0mg/L，B 段为 1.5mg/L（正常值：A 段 DO 为 0.5~1.5mg/L，B 段为 2~3mg/L）。

处理方法（二维码 m7-8）

（1）开大 A 段旁通阀，减小 A 段风机出口阀开度，减少 A 池曝气量；

（2）或关闭一台 A 段风机，减少 A 池曝气量；

（3）关小 B 段旁通阀，开大 B 段风机出口阀开度，增加 B 池曝气量，或 B 段开启一台备用风机；

（4）守机 10min，观察风机运行情况；

（5）观察 A、B 段 DO 变化情况，达到正常值。

子情境九 曝气池泡沫处理

任务描述◄◄◄━━━

任务目标	知识目标 (1)理解曝气池泡沫处理的原理 (2)理解曝气池泡沫处理的构筑物的类型、构造及工作过程等 能力目标 能够进行曝气池泡沫处理操作 素质目标 具备一定的自学、计算机应用、沟通合作的能力			
技能任务	发现故障	基本操作	处理故障	基本操作
		维护巡视		安全事项
探索任务	曝气池泡沫处理可能存在其他故障问题			

情境导入◄◄◄━━━

在完整流程图中，显示所有参数，参数值见运行数据，其中设置故障点。

在曝气池表面产生白色的、黏稠的空气泡沫，有时出现较大的浪花，由于二沉池出水造成污泥流失，发现排泥过量。导致 MLSS 降低，应减少排泥。

处理方法（二维码 m7-9）

A 段吸附池与中沉池	减小中沉池排泥阀开度，减少排泥
A 段吸附池与中沉池	增大 A 池回流污泥阀开度，增加回流污泥量
B 段曝气池与二沉池	减小排泥阀开度，减少排泥
B 段曝气池与二沉池	增大 B 池回流污泥阀开度，增加回流污泥量
A 段吸附池、B 段曝气池	观察泡沫情况

子情境十 污泥异常问题

任务描述◄◄◄━━━

任务目标	知识目标 (1)理解污泥异常问题的原理 (2)理解污泥异常问题的构筑物的类型、构造及工作过程等 能力目标 能够进行污泥异常问题操作 素质目标 具备一定的自学、计算机应用、沟通合作的能力			
技能任务	发现故障	基本操作	处理故障	基本操作
		维护巡视		安全事项
探索任务	污泥异常问题可能存在其他故障问题			

情境导入◄◄◄━━━

在完整流程图中，显示所有参数，参数值见运行数据，其中：二沉池内产生云浪状污泥上浮，并陆续蔓延至全池。沉降试验发现，沉速很慢或基本不下沉，上清液很浅，但非常清澈。镜检发现有大量丝状菌，检查进水中缺乏氮、磷等营养物质，BOD：N：P 比例偏大，则即可初步判明属营养缺乏型丝状菌污泥膨胀。

原因分析

二沉池内产生云浪状污泥上浮,并陆续蔓延至全池。沉降试验发现,沉速很慢或基本不下沉,上清液很浅,但非常清澈。镜检发现有大量丝状菌,检查进水中缺乏氮磷等营养物质,则可初步判明属营养缺乏型丝状菌污泥膨胀。请正确选择投加的营养物质使达到最佳营养物质配比。

处理方法(二维码 m7-10)

(1) 确认属营养缺乏型丝状菌污泥膨胀;

(2) 如果 BOD_5/TN 大于 20,缺氮,可向污水中投加氨水、尿素等无机氮素;

(3) 如果 BOD_5/P 大于 100,缺磷,可投加磷酸钠或磷酸氢钠等无机磷素,直至将营养比调至 100:5:1 为止。

子情境十一　　出水 BOD 超标应急处理

任务描述 ◄◄—

任务目标	知识目标 (1)理解出水 BOD 超标的原理 (2)理解出水 BOD 超标应急处理的构筑物的类型、构造及工作过程等 能力目标 能够进行出水 BOD 超标应急处理操作 素质目标 具备一定的自学、计算机应用、沟通合作的能力			
技能任务	发现故障	基本操作	处理故障	基本操作
		维护巡视		安全事项
探索任务	出水 BOD 超标应急处理可能存在其他故障问题			

情境导入 ◄◄—

其中设置故障点进水 BOD 值偏高为 250mg/L,吸附池和曝气池溶解氧下降至 1.0mg/L 以下,二沉池出水 BOD 超高为 35mg/L。

处理方法(二维码 m7-11)

(1) 分析运行数据,确认是因进水 BOD 超过设计值 50%,而造成出水超出标准。

(2) 减小风机旁通阀的开度,增大曝气池曝气量。

(3) 开大出风管阀门开度,增大曝气池曝气量,或启动备用风机,增大曝气池曝气量。

(4) 控制曝气池溶解氧,使增加到 2mg/L 以上。

(5) 减小剩余污泥排放阀的开度,减少剩余污泥排放,保证有足够的活性污泥。

(6) 开大回流污泥阀门开度,提高回流量,以提高曝气池混合液浓度、降低有机负荷;或启动备用回流污泥泵,并提高回流量。

(7) 观察出水 BOD 变化趋势,出水 BOD 回到 16mg/L 以下,操作完毕。

子情境十二　　初级工巡视

情境导入 ◄◄—

各项指标均符合标准,过程稳定。重在监控,基本不需要进行操作,巡视整个工艺后将结果填入巡视记录表中。

（1）选择巡视间隔时间 2h。

（2）巡视记录表。

提示：请根据巡视表的要求对整个工艺进行巡视，并将相应的巡视结果填入巡视表中。

巡检时间间隔	粗格栅水位差/m	进水泵房		沉砂池	A段吸附池		中沉池	A段污泥回流井	B段曝气池		二沉池	B段污泥回流井	鼓风机房		污泥脱水机房	
		进水流量/(m³/h)	水泵运行状况	刮砂机运行情况	混合液观察	曝气设备运行	刮泥机运转情况	回流泵情况	混合液色观察	曝气设备观察	刮泥机运转情况	回流泵情况	鼓风机压力/MPa	温度/℃	加药计量泵情况	脱水机情况

子情境十三　中级工巡视

情境导入 <<<←——

各项指标均符合标准，过程稳定。重在监控，基本不需要进行操作，巡视整个工艺后将结果填入巡视记录表中。

（1）选择巡视间隔时间 2h。

（2）巡视记录表。

提示：请根据巡视表的要求对整个工艺进行巡视，并将相应的巡视结果填入巡视表中。

巡检时间间隔	粗格栅水位差/m	进水流量/(m³/h)	沉砂池	A段曝气池			中沉池	A段污泥回流井	B段曝气池	二沉池				B段污泥回流井	鼓风机房		污泥脱水机房	
			刮砂机运行情况	混合液色观察	SV₃₀/(mg/L)	DO/(mg/L)	刮泥机运转情况	回流量/(m³/h)	混合液色观察	DO/(mg/L)	COD/(mg/L)	NH₃-N/(mg/L)	SS/(mg/L)	回流量/(m³/h)	鼓风机压力/MPa	温度/℃	污泥含水率/%	脱水机情况

附录 本书二维码信息库

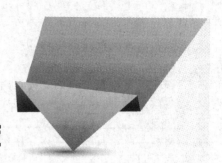

编号	信息名称	信息简介	二维码
m1-1	开车操作	氧化沟运行开车操作要点演示	
m1-2	曝气刷故障	水处理操作时间过长,工艺运行期间曝气刷故障处理操作要点	
m1-3	二沉池排泥故障	水处理操作时间过长,导致二沉池中污泥积累过多,需要进行排泥的操作要点	
m1-4	出水 SS 偏高	污水源水质发生变化,初沉池进水 SS 升高,导致系统超负荷运行,最终初沉池出水 SS 偏高的应急处理操作要点	
m1-5	调节外沟溶氧	氧化沟外沟 DO 增高,曝气机设置处于高速挡,外沟溶氧调节操作要点	
m1-6	调节内沟溶氧	氧化沟内沟 DO 偏低,曝气机未全功率工作,内沟溶氧调节操作要点	

编号	信息名称	信息简介	二维码
m1-7	处理负荷增大	进水流量增大,超过处理系统负荷,需要打开事故池分流的操作要点	
m1-8	出水 COD 过高	污水水质发生变化,来水 COD 增高,导致系统超负荷运行,最终出水 COD 过高的应急处理操作要点	
m1-9	泡沫问题	操作过程中,污泥回流阀门长期开度过大,氧化沟排泥阀门长期过低,造成氧化沟中污泥过多的处理操作要点	
m2-1	气浮开车操作	气浮开车操作要领展示	
m2-2	释放器反冲洗	在气浮池中,释放器释放大气泡,浮渣面不平。释放器排放不畅时处理操作要点	
m2-3	补水泵操作	气浮工艺运行期间,溶气罐水位偏低;气浮池有大气泡,补水泵发生事故操作要点	
m2-4	气浮池启动	气浮池启动要领展示	
m2-5	溶气罐过高应急处理	罐内压力大于 5kg,红色显示不正常参数。溶气罐内压力过高应急处理要点	
m2-6	出水 SS 过高	气浮池排泥不畅,泥位升高;溶气罐压力增加;清水池出水 SS 过高应急处理要点	

续表

编号	信息名称	信息简介	二维码
m3-1	SBR 开车操作	SBR 工艺运行开车操作要点	
m3-2	SBR 池排水排泥操作	对 1 号池进行排水排泥操作要点	
m3-3	滗水器应急处理	1 号 SBR 池中滗水器亮故障灯,液位超高报警,在该池中做排水应急处理操作要点	
m3-4	消毒池余氯调控	消毒池出水余氯值偏低,通过加药计量泵的流量调整出水余氯含量,使其达到国家排放标准操作要点	
m3-5	离心脱水机清洗	对离心脱水机系统进行停机操作,离心脱水机清洗操作要点	
m3-6	SBR 池手动运行	SBR1 池处于手动控制运行状态,对 SBR1 池按照各运行时间段分别手动开启对应的设备,进行相关操作要点	
m3-7	曝气系统维护	在鼓风机房界面中填写鼓风机巡视记录表,对曝气系统维护要点	
m3-8	SBR 池的液位控制	1 号 SBR 池最高设计水位 5.0m,当进水 1.0h 时,1 号 SBR 池水位达到 5.2m,已超过最高设计水位,在 1 号 SBR 池系统中做应急处理,并完成对该池中废水的处理程序操作要点	
m4-1	A_2O 开车操作	A_2O 工艺运行开车操作要领展示	

编号	信息名称	信息简介	二维码
m4-2	A₂O 停车操作	A₂O 工艺运行期间系统停车操作要领	
m4-3	初沉池排泥撇渣	水处理操作时间过长,导致初沉池污泥积累过多。初沉池排泥撇渣操作要点	
m4-4	内回流调节	由好氧池到缺氧池的回流量需要调节,使回流量达到设计要求操作要点。	
m4-5	调节来水 pH 值	来水 pH 值偏低,调整进水的 pH 值,以适合后续处理的操作要点	
m4-6	二沉池运行管理	A₂O 工艺运行管理中二沉池运行管理操作要点	
m4-7	来水 SS 增高	初沉池进水 SS 含量偏大,初沉池出水不达标,在初沉池中界面调整初沉池的运行情况,使初沉池出水 SS 达到 100mg/L 以下的操作要点	
m4-8	出水 NH₃-N 超标	出水指标中发现 NH₃-N 含量超标,利用内回流系统对运行进行调节,使出水 NH₃-N 达标操作要点	
m4-9	出水磷超标	出水指标中发现 TP 含量超标,利用外回流系统对运行进行调节,使出水 TP 达标操作要点	
m4-10	污泥丝状菌膨胀	进入曝气池在线 DO 仪值下降,SVI 和 SV 偏高情况属于丝状菌膨胀。在曝气池和二沉池中有效地调整控制污泥膨胀问题的操作要点	

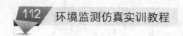
续表

编号	信息名称	信息简介	二维码
m5-1	带式压滤机开机操作	对 UASB 反应器进行日常管理时,需要准确控制参数,选择正确的运行控制参数。带式压滤机开机操作要点	
m5-2	调节来水 pH 值	来水的 pH 值在 4.5～5.0 之间波动,不能够达到 UASB 反应器反应的要求,调整废水在进入 UASB 反应器之前 pH 值能够达到反应要求	
m5-3	UASB 均匀配水	对 UASB 均匀配水操作要点	
m5-4	控制 UASB 反应器温度	在 UASB 反应器控制过程中,发现进水温度降低,为 24℃,给进水加热,使其符合 UASB 反应器的反应温度操作要点	
m6-1	预处理开车操作	预处理系统的状态正常是反渗滤主机启动的前提条件。预处理系统的反冲洗目的是去除预处理系统停机时间沉积的杂质。预处理开车操作要点	
m6-2	进水余氯超标	余氯达 2mg/L,超标。应为 0.1mg/L。调节进水余氯正常的操作要点	
m6-3	净水产量大增	进入反渗透系统的压力低于 $7kgf/cm^2$,导致净水产量大增的处理操作要点	
m6-4	进入反渗透系统的压力过低	当 RO 设备停运时间超过 48h 的情况下,对反渗透膜进行保养,防止因细菌、微生物的生长对膜造成破坏的操作要点	
m7-1	AB 工艺启动操作	AB 工艺运行启动操作要领	

续表

编号	信息名称	信息简介	二维码
m7-2	调节风机流量	A段吸附池中溶解氧和风压下降,风压从2.5kg下降到1.2kg,气体流量在减少,从200m³/h降低为0。需调节风机流量操作要点	
m7-3	二沉池污泥上浮	二沉池泥龄过长,(污泥面过高)污泥上浮,出水SS增高为45mg/L,二沉池污泥上浮操作要点	
m7-4	A段、B段排泥操作	对A段、B段吸附池系统的污泥回流、剩余污泥排放进行操作要点	
m7-5	B段回流污泥泵启动	B段曝气池的回流污泥泵控制柜显示电流超标,报警灯变亮,回流井液位超高。需启动B段回流污泥泵操作要点	
m7-6	曝气沉砂池有机物含量偏高	曝气沉砂池中沉砂有机物含量偏高,使沉砂的后续处理增加难度,通过调整曝气系统使沉砂池沉砂的有机物含量达到清洁砂的要求操作要点	
m7-7	污泥浓度调控	B段曝气池活性污泥SV值偏高,实施正确调节措施,使SV值正常操作要点	
m7-8	溶氧调控	调节AB段曝气池溶氧使符合设计要求操作要点	
m7-9	曝气池泡沫处理	在曝气池表面产生白色、黏稠的空气泡沫,有时出现较大的浪花,查明原因是二沉池出水造成污泥流失,发现排泥过量,在曝气池系统中有效调节排泥量,消除曝气池泡沫操作要点	
m7-10	污泥异常问题	二沉池内产生云浪状污泥上浮,并陆续蔓延至全池。沉降试验发现,沉速很慢或基本不下沉,上清液很浅,但非常清澈。镜检发现有大量丝状菌,检查进水中缺乏氮磷等营养物质,BOD:N:P比例偏大处理方法	

编号	信息名称	信息简介	二维码
m7-11	出水 BOD 超标	进水 BOD 值偏高为 250mg/L，吸附池和曝气池溶解氧下降至 1.0mg/L 以下，二沉池出水 BOD 超高为 35mg/L。出水 BOD 超标处理要点	
m8-1	环境监测仿真实训指导书	环境监测仿真实训指导书完整版	

参 考 文 献

[1] 雷乐成，杨岳平，汪大军. 污水回用新技术及工程设计. 北京：化学工业出版社，2002.

[2] 国家发展和改革委员会，环境和资源综合利用司. 中国工业用水与节水概论. 北京：中国水利水电出版社，2004.

[3] 王凯雄. 水化学. 北京：化学工业出版社，2001.

[4] 蒋展鹏. 环境工程学. 北京：高等教育出版社，1992.

[5] 许保玖. 给水处理理论. 北京：中国建筑工业出版社，2000.

[6] 王九思，陈学民，肖举强等. 水处理化学. 北京：化学工业出版社，2002.

[7] 冯敏. 工业水处理技术. 北京：海洋出版社，1992.

[8] 龙荷云. 循环冷却水处理. 第3版. 南京：江苏科学技术出版社，2001.

[9] 蒋展鹏. 环境工程学. 北京：高等教育出版社，1992.

[10] 徐寿昌. 工业冷却水处理技术. 北京：化学工业出版社，1984.

[11] 杨文忠，唐永明，刘瑛等. 冷却水系统的平衡与破坏. 工业水处理技术，2003，23（9）：1-3.

[12] 许保玖. 当代给水与废水处理原理. 北京：中国建筑工业出版社，1995.

[13] 金熙，项成林，齐冬子. 工业水处理技术问答及常用数据. 第2版. 北京：化学工业出版社，1997.

[14] 邵刚. 膜法水处理技术. 北京：冶金工业出版社，2000.

[15] 刘茉娥. 膜分离技术. 北京：化学工业出版社，1998.

[16] 刘茉娥. 膜分离技术应用手册. 北京：化学工业出版社，2001.

[17] 李旭祥. 分离膜制备与应用. 北京：化学工业出版社，2004.

[18] 王世昌. 海水淡化工程. 北京：化学工业出版社，2003.

[19] 张保宗. 反渗透水处理应用技术. 北京：中国电力出版社，2004.

[20] 严瑞瑄. 水处理剂应用手册. 北京：化学工业出版社，2000.

[21] 杨文忠，唐永明，俞斌. 循环冷却水处理化学品的进展. 工业用水与废水. 2000，31（6）：1-4.

[22] 肖锦. 城市污水处理及回用技术. 北京：化学工业出版社，2002.

[23] 周彤. 污水回用决策与技术. 北京：化学工业出版社，2002.